Bahr/Zeitler

**Meridiane,
ihre Punkte und
Indikationen**

Dr. med. Frank R. Bahr (Herausgeber)

**Lehrbuchreihe:
Wissenschaftliche Akupunktur
und Aurikulomedizin
Band 0.4 (Grundlagen)**

Frank R. Bahr / Hans Zeitler

Meridiane, ihre Punkte und Indikationen

3. Auflage

Mit 14 Abbildungen

1. Auflage 1983 (Zeitler)
2., überarbeitete Auflage 1987 (Zeitler/Bahr)
3., Auflage 1991 (Bahr/Zeitler)

Alle Rechte vorbehalten
© Friedr. Vieweg & Sohn Verlagsgesellschaft mbH, Braunschweig/Wiesbaden, 1991

Der Verlag Vieweg ist ein Unternehmen der Verlagsgruppe Bertelsmann International.

Das Werk einschließlich aller seiner Teile ist urheberrechtlich geschützt. Jede Verwertung außerhalb der engen Grenzen des Urheberrechtsgesetzes ist ohne Zustimmung des Verlags unzulässig und strafbar. Das gilt insbesondere für Vervielfältigungen, Übersetzungen, Mikroverfilmungen und die Einspeicherung und Verarbeitung in elektronischen Systemen.

ISBN 978-3-528-27950-9   ISBN 978-3-322-91522-1 (eBook)
DOI 10.1007/978-3-322-91522-1

Inhalt

Vorwort zur 3. Auflage VI
Einleitung 1

Die Punkte und Indikationen der Meridiane

Meridian der Lunge (fei) 20
Meridian des Dickdarms (ta-ch'ang) 28
Meridian des Magens (wei) 40
Der Milz-Pankreas-Meridian (p'i) 59
Meridian des Herzens (hsin) 69
Meridian des Dünndarms (hsiao-ch'ang) 76
Meridian der Blase (p'ang-kuang) 86
Meridian der Nieren (shen) 114
Meridian Kreislauf – Sexualität (hsin-pao-luo) ... 128
Meridian des Dreifachen Erwärmers (san-chiao) 136
Meridian der Gallenblase (tan) 147
Meridian der Leber (kan) 166
Das Lenkergefäß = Gouverneurgefäß = Tou Mo
= tu-mo 175
Das Konzeptionsgefäß = Jenn Mo = Yen-mo 189

Vorwort zur 2. Auflage

1983 starb der beliebteste Akupunkturlehrer im deutschen Sprachraum, mein Freund Dr. Hans Zeitler. Mit ihm hatte ich ein Konzept von Büchern und Karten (Schädelakupunktur) entworfen, um das Lehrmaterial für die Körper- und Schädelakupunktur zu optimieren. In Zeitlers Sinn werde ich die Arbeit fortsetzen. Aufgrund eines Beschlusses der größten internationalen Akupunkturärzteorganisation A.H.O. richten wir uns in Zukunft nach der chinesischen Nomenklatur und Akupunkturlehre und überwinden dadurch Unterschiede zur europäischen, bisher gebräuchlichen Punkte-Numerierung und Meridianreihenfolge. In der vorliegenden 2. Auflage wurden daher erhebliche Änderungen notwendig.

Abgesehen von den oben angesprochenen Problemen wurde auch neues Wissen über den Innenwert der Punkte in dieser Neuauflage berücksichtigt. Dadurch wird dieses Buch sein bisheriges Ansehen als Standardlehrbuch über das notwendige Grundlagenwissen der klassisch-chinesischen Akupunktur zusätzlich festigen.

München, 1987 *Dr. Frank R. Bahr*

Vorwort zur 3. Auflage

Der Inhalt dieses Buches wurde generell durchgesehen, Ergänzungen angebracht und Druckfehler eliminiert. Als Standardlehrbuch der Akupunktur hat das vorliegende Werk sich längst etabliert und wird von der Deutschen Akademie für Akupunktur und Aurikulomedizin e. V., der größten Akupunktur-Gesellschaft der westlichen Welt, in diesem Sinne empfohlen.

München, 1991 *Dr. Frank R. Bahr*

Einleitung

Bedeutung der Akupunktur

Was hat die Akupunktur in unserer modernen westlichen Medizin, die gerade in den letzten Jahrzehnten ungeheure Erfolge erzielen konnte und trotzdem immer mehr kritisiert wird, zu suchen?

1. Die Akupunktur hat ihre Heilerfolge nicht nur in der Vergangenheit, sondern auch gerade in den letzten Jahrzehnten, sowohl in ihrer therapeutischen Form, als auch zur Erzielung von Hypalgesie bei mannigfaltigen Operationen an Menschen und Tieren aufzuweisen. Akupunktur ist weltweit eine der am meisten verbreiteten Heilmethoden.
2. Bei entsprechender Kenntnis ihres Einsatzes zählt sie zu den risikoärmsten therapeutischen Maßnahmen, wobei sie häufig imstande ist, hochwirksame, aber mit entsprechenden toxischen Nebenwirkungen belastete Medikamente zumindest teilweise zu ersetzen.
3. Als Teil einer Ganzheitsmedizin vermag sie den modernen Forderungen nach einer multifaktoriellen Betrachtungsweise jeglicher Erkrankung nachzukommen. So verwirklicht sie auch die Ansprüche, die z.B. bei der Behandlung psychosomatischer Krankheitsbilder gestellt werden müssen.
4. Sie ist, und dies wird viel zu wenig herausgestellt, unabhängig von der Intelligenz des Patienten (siehe ihre Erfolge in der Veterinärmedizin).
5. Sie erfordert außer Wissen und erlernbarer Geschicklichkeit nur einen geringen materiellen Aufwand.
6. Die Akupunktur ist außerdem mit jeglicher anderen Therapie kombinierbar. Dies bedeutet, daß sie **im Rahmen** unserer modernen Therapie zum Wohle der Patienten ihren adäquaten Platz haben muß.

Denn: **Die Akupunktur war nie eine Monotherapie, sondern immer nur ein Teil der fernöstlichen Medizin.**

Es darf natürlich nur akupunktiert werden, wenn die Diagnose einwandfrei feststeht und eine Indikation für die Akupunktur vorliegt (siehe BAHR: Einführung in die wissenschaftliche Akupunktur).

Entwicklung der klassischen chinesischen Akupunktur, sogenannte Körperakupunktur

Es ist allgemein bekannt, daß sich die Körperakupunktur einige tausend Jahre zurückverfolgen läßt, wobei sich in jüngster Zeit durch Ausgrabungen sogar noch neue Erkenntnisse gewinnen ließen. Man fand in dem Sarg des Prinzen Ching von Chungsan, der im 2. Jh. v. Christi beerdigt wurde, Gold- und Silberakupunkturnadeln, die Goldnadeln waren noch einwandfrei erhalten, die Silbernadeln dagegen waren stark korrodiert.

In der VR China ist an allen Universitäten und Ausbildungsstätten Akupunktur für alle Medizinstudenten Pflichtfach. Auch in den Schulen wird Akupunktur gelehrt, die Schüler stechen sich gegenseitig. Die gerichtete Massage der Akupunkturpunkte, die sogenannte Akupressur, ist in China weit verbreitet und wird in den Schulen gelehrt.

Durch das Vordringen anderer Akupunkturverfahren (wie Ohr- und Schädelakupunktur) hat sich das Akupunkturrepertoire der Ärzte stark verbreitet. Einige Indikationen sind neu für die Akupunktur hinzugekommen.

Eine Weiterentwicklung der Körperakupunktur durch Neuentdeckungen hat es offensichtlich in der VR China in den letzten Jahren nur in gewissem Umfange gegeben. Durch die Erfolge der Akupunkturanalgesie angespornt, bei der man ja die Anzahl der Nadeln zur Erreichung der Schmerzunterdrückung in der letzten Zeit immer mehr reduziert hat, kann man vielleicht diesen analogen Entwicklungstrend in der VR China auch in der klassischen Körperakupunktur entdecken. Auch sogenannte „verbotene Punkte" sind meistens in Eigenversuchen erforscht worden und werden nun bei speziellen Indikationen doch angewendet. Ein Beispiel hierfür ist der Punkt Yamen, der angeblich für bestimmte Formen der Taubstummheit Verwendung findet. Einzelheiten der Geschichte der Akupunktur möge der interessierte Leser in der Spezialliteratur, z.B. The Story of Chinese Acupuncture and Moxibustion von Fu Wei-kang, Peking 1975, nachlesen (Übersetzung von PETRICEK und ZEITLER).

Die Gliederung der Akupunkturpunkte

Die Akupunkturpunkte sind gegliedert nach ihrer Zugehörigkeit zu bestimmten Meridianen, die ihrerseits eine Rückwirkung auf Organe bzw. Organsysteme haben.
Unter dem Meridian eines Organs oder Hohlorgans versteht man formal eine Verbindungslinie, die durch eine Reihe von empirisch als wirksam nachgewiesenen Punkten markiert ist. Diese Punkte stehen in Beziehung zu einem Organ, die sich dadurch äußert, daß bei einer Funktionsstörung oder einer Organerkrankung ein oder mehrere Meridianpunkte schmerzhaft werden können.
MENG nimmt an, daß die Meridiane einer im ZNS fixierten Verbindung von Hauptfunktionen im Sinne unbedingte Reflexe entsprechen. Zu diesen „kortikalen Assoziationsganglien" würden dann die Meridianverläufe der Körperakupunktur korrespondieren.
In wissenschaftlichen Untersuchungen der Akupunkturpunkte mit sogenannten durchstimmbaren Lasern (das sind Farbstofflaser, deren Wellenlänge kontinuierlich verstellbar ist), fanden NOGIER, BAHR und KROY in ersten Ergebnissen, daß alle Akupunkturpunkte jeweils eines Meridians in eine Resonanzerregung zu bringen sind. Jeder Meridian hat eine eigene zugehörige Laserwellenlänge. Auch die jeweils korrespondierenden Ohrpunkte und das betroffene Organ selbst zeigten dieselben Resonanzerscheinungen.
Die altchinesische Philosophie und Medizin betrachtet alle in der Natur und am lebenden Körper sich abspielenden Vorgänge nach einem sich polar verhaltenden System. Die Akupunktur wird daher auch, je nach der individuellen Erkrankung, die sich in etwa polar verhaltenden Neurotransmitter Serotonin und Noradrenalin beeinflussen. Erste wissenschaftliche Versuche und Beweise (Serotoninanstieg) sind bereits veröffentlicht worden (RIEDERER, BIRKMAYER). Der Zustand des „Sinnesorgans" Akupunkturpunkt läßt sich aus dem Zustand der einzelnen Meridiane ableiten und gibt dadurch gleichzeitig Ansatzpunkte für eine mögliche Therapie.

Innerer und äußerer Meridianverlauf

Aus Japan wurde bekannt, daß ein Patient nach einem partiellen Blitzschlag „meridiansensibel" wurde.
Man versteht darunter das Phänomen, daß Patienten bei starker Stimulation des Anfangs- bzw. Endpunktes oder des Quellpunktes eines Meridians, ohne vorher den Meridianverlauf zu kennen, diesen im Sinne einer Ausstrahlung des Nadelgefühls angeben können.
Solche Patienten sind natürlich für die Akupunkturforschung äußerst interessant, und so wurde in Peking und Shanghai vor kurzem systematisch nach meridiansensiblen Menschen geforscht. MENG berichtet, daß etwa 2 % der Untersuchten sich als dafür geeignet erwiesen. Besonders sensible Personen konnten nicht nur den äußeren Meridianverlauf an der Haut, sondern auch den inneren zu den einzelnen Organen oder Eingeweiden angeben. Durch neuere Forschungen konnten somit die von alters her angegebenen Meridianverläufe bestätigt werden. Da für das Verständnis der Wirkung eines Akupunkturpunktes (a) lokal, b) regional, c) überregional als Fern- und Systemwirkung, d) psychisch die Kenntnis des inneren Meridianverlaufs hilfreich ist, sind bei der einzelnen Besprechung der Meridiane diese Verläufe gestrichelt mitangegeben.

Zur Phylogenese der Akupunkturpunkte

In einem kürzlich gehaltenen Vortrag über Embryologie und Akupunktur wies der Embryologe Prof. BLECHSCHMIED, Göttingen, auf die Entwicklung des Embryos hin, die entgegen einer verbreiteten Meinung von außen nach innen erfolgt und damit enge Beziehungen der Haut zu den inneren Organen schon in diesem Stadium beweist.
Das Ordnungsprinzip der Entwicklung eines Embryos ist ebenfalls nicht nerval.
Hier könnte ein Berührungspunkt von Embryologie und Physik liegen. Es ist unbestritten, daß jeder Mensch ein elektrisches Feld besitzt, das letzten Endes von den Zellen der einzelnen Organe und Körperteile aufgebaut wird. Bei Erkrankungen wird es konsekutiv zu Störungen innerhalb dieses Feldes kommen. Ausgehend etwa von einem erkrankten Organ wie der Leber wird es zunächst am Organ selbst, dann an den direkt zugehöri-

gen chinesischen Akupunkturpunkten im Segment, schließlich an den Punkten des Funktionskreises (Meridian) und eventuell an noch anderen Reflexorten zu Veränderungen im elektrischen Feld in umschriebenen kleinen Bereichen kommen. Wir wissen von den Purkinje-Fasern des Herzens, daß elektrische Weiterleitung u.U. auch über Muskelfasern erfolgen kann, im Bereich der Akupunktur dürfte allerdings die Wellenleitertheorie von POPP größere Bedeutung haben.
Als Arbeitshypothese nimmt BAHR an, daß die Änderung des elektrischen Feldes an einem erkrankten Organ selbst über Bindegewebsfasern, u.U. auch Muskelfasern und nervale Erregungsmusteränderung verursacht wird. Die segmental und lokal zugehörigen chinesischen Akupunkturpunkte dürften durch nervale Reflexbögenmechanismen (z.T. als ,,Trigger''-Punkte bekannt) und besonders, was die Meridiane betrifft, durch Wellenleiterinformation in ihren elektrischen Parametern umgeformt werden.
Die Wellenleitertheorie der Meridiane von POPP hat kürzlich eine überraschende Unterstützung bekommen von einem der derzeit bekanntesten Physiker, der kohärente (longitudinale) elektrische Schwingungen im Organismus vorhersagte. Ich zitiere auszugsweise aus der SZ vom 5. März 1981:

Produziert das Leben Schwingungen?
Physiker sagt Entstehung von Mikrowellen voraus.
,,Die Arbeiten von Herbert FRÖHLICH, Professor für Theoretische Physik an der Universität von Liverpool (Großbritannien), seit zehn Jahren zu grundsätzlichen Fragen der Biophysik wären vermutlich kaum ernst genommen worden, wenn es sich bei dem Autor um einen weniger bekannten Forscher gehandelt hätte. Er gehört zu den wenigen heute noch lebenden Naturforschern, die auf vielen verschiedenen Gebieten grundlegende Arbeiten geleistet haben. Seine Beiträge zur Quantenfeldtheorie der Festkörper, zur Theorie der Elementarteilchen und zur Theorie der Supraleitung waren wegweisend. Ob seine theoretischen Überlegungen zur Biophysik dazugerechnet werden können, das wird vom Ausgang von Experimenten abhängen, die in vielen Laboratorien unternommen werden.
Ausgangspunkt dieser Überlegungen, die FRÖHLICH vor kurzem in der Universität München vortrug, ist die Frage nach dem Ordnungsprinzip in lebenden Systemen. Dabei darf unter Ordnung nicht nur die räumliche Ordnung verstanden werden. So gelingt es zum Beispiel nicht, aus der bekannten Anordnung von 199 Aminosäuren eines Proteins die Anordnung der 200sten vorauszusagen; Monod (Zufall und Notwendigkeit)

schloß daraus, daß die räumliche Anordnung der Aminosäuren zufällig sei. Eine andere Art der Ordnung ist jedoch die geordnete Bewegung, wie sie etwa in Supraleitern, Lasern oder Schallwellen auftritt. Eine fehlende räumliche Ordnung läßt daher noch nicht auf Zufall schließen. Vielmehr kann gerade die Analogie zu so gut erforschten physikalischen Systemen wie etwa Lasern benutzt werden, um solche geordneten Bewegungszustände auch in anderen Systemen aufzuspüren.

Mit den für biologische Systeme charakteristischen Materialeigenschaften — in der Regel handelt es sich um Strukturen, die eine hohe elektrische Polarisierbarkeit aufweisen, bespielsweise Proteine und Membranen — erarbeitete FRÖHLICH eine Theorie, die als Ergebnis kohärente (longitudinale) elektrische Schwingungen in lebenden Organismen vorhersagt. Voraussetzung dafür ist die ständige Zufuhr von Energie aus dem Stoffwechsel. Die voneinander unabhängig schwingenden Teilsysteme würden dann gezwungen, denselben Schwingungszustand anzunehmen. (Dieser Vorgang ist analog dem in der Theorie der Supraflüssigkeit als Bose-Einstein-Kondensation bezeichneten Prozeß). Durch nichtlineare elastische Verformungen könnten solche Schwingungen stabilisiert werden, so daß ein ganzes System von Molekülen oder Zellen kohärent, das heißt im Gleichtakt schwingen würde.

Die von der Theorie vorhergesagten Frequenzen liegen im Bereich der Mikrowellen. Die Frage nach möglichen unbekannten Wirkungen von Mikrowellen ist bereits seit längerem Gegenstand von Experimenten. Aus der Vielzahl von Befunden ist besonders eine Messung zu erwähnen, weil sie reproduzierbar ist: W. GUNDLER von der Gesellschaft für Strahlen- und Umweltforschung und E. KEILMANN vom Max-Planck-Institut für Festkörperforschung in Stuttgart fanden, daß das Wachstum von Hefezellen bei Einstrahlung von Mikrowellen bestimmter Frequenzen signifikant beeinflußt wird." (Zitatende)

POPP glaubt, daß in bestimmten Frequenzbereichen durchaus Resonanzkopplungen erreicht werden können, die über den ganzen Organismus laufen. Zusätzlich führte er aus: Man kann durchaus davon ausgehen, daß biologische Systeme extrem empfindliche Empfängersysteme sind und selbst noch auf schwächste Signale reagieren. So ist es beispielsweise möglich, daß Wale Feldstärken von 10^{-8} Volt/cm selektiv wahrnehmen können, eine Empfindlichkeit, die auch heute noch in der Technik bei normalen Temperaturen kaum erreichbar ist.

Diese hohe Empfindlichkeit biologischer Systeme ist sicher auch der Grund, daß der Mensch (als Empfängersystem) auf schwache Signale durchaus vernünftig reagieren kann.

POPP veröffentlichte in der Zeitschrift „der Akupunkturarzt" (5/79):

„Unsere Arbeitsgruppe hat, in Zusammenarbeit mit Prof. MEHLHARDT, Untersuchungen in dieser Richtung durchgeführt. Dabei wurden die Meßwerte vieler Elektroakupunkturtestungen in der statistischen Häufigkeit aufgezeichnet. Hätten diese Meßwerte keine Bedeutung gehabt, wäre eine Gaußsche Verteilung herausgekommen. Hier handelt es sich nämlich um eine chaotische, unzusammenhängende Verteilung. Meßwerte mit physiologischer Bedeutung müssen eine sogenannte logarithmische Normalverteilung ergeben, weil alle physiologischen Parameter, wie z.B. Blutdruck, Pulsfrequenz, Medikamenten-Empfindsamkeit usw., nach einer sogenannten logarithmischen Normalverteilung verlaufen. Interessanterweise ergaben diese Untersuchungen an Akupunkturpunkten eine „bilderbuchartige" logarithmische Normalverteilung."

Unterscheidung der Punkte

a) Punkte, die die 12 Meridiane und die 2 außerordentlichen Gefäße (Lenkergefäß = Tou Mo und Konzeptionsgefäß = Jenn Mo) bilden oder fälschlich, aber allgemein gebräuchlich ausgedrückt, auf diesen gelegen sind.
Die Punkte besitzen eigene Namen, aus denen häufig entweder auf ihre topographische Lage oder auf ihre besondere Symptomatik geschlossen werden kann, und sie stehen untereinander durch das Meridiansystem in Verbindung.
Damit ist ihre direkte Einwirkung auf Funktionsbereiche erklärbar sowie auf der Grundlage des Schemas von F. HOFF darüber hinaus auf den Gesamtorganismus.
Daraus ergibt sich, außer ihrer therapeutisch definier- und steuerbaren Funktion, auch ihre Bedeutung in der Diagnostik zumindest jener Funktionsbereiche, die ihnen zugeordnet sind.
Sie unterliegen einer genau definierten Hierarchie bezüglich ihrer lokalen, regionalen, segmentalen, überregionalen und Allgemeinwirksamkeit, die sich in der Spezifizierung und Gliederung ihrer Aufgabenbereiche ausdrückt.
b) Sogenannte „Neupunkte" und „Punkte außerhalb der Meridiane" (P.a.M.), deren Zahl von ursprünglich 36 auf ca. 360 zugenommen hat. Auch sie besitzen eigene Namen und sind topographisch definiert.

Im wesentlichen handelt es sich bei ihnen um „Satellitenpunkte", d.h. sie liegen zumeist in der Nähe der „klassischen" Punkte und weisen weitgehend deren Indikationen auf (PETRICEK, ZEITLER).

Da sie nicht dem „Ordnungssystem" angehören, ist ihre therapeutische Wirkung wohl gegeben, sie besitzen jedoch in der überwiegenden Mehrzahl keine diagnostische Aussagekraft.

Immerhin dürfte der eine oder andere dieser Punkte in das System der „klassischen" Punkte integriert werden.

In der neuesten chinesischen Literatur werden aus diesen 360 Punkten 36 besonders herausgehoben und als EXTRA = Extraordinary points bezeichnet.

c) **Persönliche Punkte**; in China a-shih = ah-ja genannt, weil der Patient „ah ja" sagt, wenn man auf sie Druck ausübt, oder er aus Erfahrung weiß, daß Berührung, Druck oder Massage an diesen Punkten positive oder negative Reaktionen, häufig Schmerzsensationen, auslösen können.

Dazu gehören auch typische unwillkürliche Druck- oder Kratzpunkte, sofern diese nicht den Gruppen a) oder b) zugerechnet werden müssen.

Diese „persönlichen" Punkte sollen grundsätzlich in die Akupunkturbehandlung einbezogen werden.

Sie tragen keine Namen oder sonstige Bezeichnung und haben auch keine topographisch fixe Lokalisation (oftmals locus dolendi).

Wertkonventionelle Unterteilung der 361 klassischen Punkte

1. **Tonisierungspunkt:** Er liegt auf seinem zugehörigen Meridian z.B. H 9 = Tonisierungspunkt des Herzmeridians) und dient zur Beeinflussung von energetischen Hypofunktionszuständen der diesem Meridian zugeordneten Organsysteme.

    Er wirkt aber darüber hinaus auch über Sekundärgefäße auf die mit seinem Meridian in Verbindung stehenden Leitbahnen.

    Wenn eine Tonisierung angestrebt wird, soll er grundsätzlich mit dem Quellpunkt seines Meridians zusammen gegeben werden.

Er kann aber auch, wie alle anderen Punkte, lokalbezogen oder rein symptomatisch verwendet werden.

2. Sedativpunkt: Er liegt ebenfalls immer auf seinem Meridian (z.B. H 7 = Sedativpunkt des Herzmeridians) und dient zur Dämpfung, zum Abbau einer energetischen Hyperfunktion.

Um diesen Zweck zu erreichen, wird er mit dem Quellpunkt seines Meridians gemeinsam eingesetzt.

3. Quellpunkt: Dieser Punkt hat, wie die Beschreibung 1. und 2. zeigt, eine ambivalente Wirkung, indem er sowohl eine angestrebte Tonisierung, als auch die Sedierung zu verstärken vermag, je nachdem, ob er gemeinsam mit einem Tonisierungs- oder Sedativpunkt gegeben wird.

Darüber hinaus ist er der Punkt, an dem die Querverbindung vom Durchgangspunkt des jeweils gekoppelten Meridians ankommt (kybernetische Vernetzung).

Mnemotechnik: Jeder Quellpunkt eines **Yin**-Meridians = Meridian eines Vollorgans = Speicherorgan = tsang, ist **immer** der 3. Punkt, von distal aus gerechnet.

Jeder Quellpunkt eines **Yang**-Meridians = Meridian eines Hohlorgans = fu, ist **immer** der 4. Punkt von distal aus gerechnet. **Ausnahme: G 40!**

4. Durchgangspunkt: Er liegt ebenfalls auf seinem zugehörigen
Passage = Lo = Meridian und dient der kybernetischen
kybernetischer Querverbindung mit dem Quellpunkt sei-
Anknüpfungs- nes gekoppelten Partnermeridians und ist
punkt. damit zum energetischen Ausgleich bei

	Überfunktion des einen und Unterfunktion des anderen, bzw. vice versa, prädestiniert.
Dadurch ist außerdem eine Verbindung des Yin mit dem Yang und umgekehrt innerhalb der Organ- und Funktionskreise, wie sie in der Lehre der sog. Wandlungsphasen dargelegt werden, gewährleistet. (Beispiel: Leber = Vollorgan = Yin zu Gallenblase = Hohlorgan = Yang und umgekehrt)
5. Kardinalpunkt: Schlüsselpunkt	Ihre Verwendung ist an bestimmte Voraussetzungen innerhalb der Reihenfolge der Nadelsetzung = Reizeingabe gebunden.
Unter Berücksichtigung dieser empirisch verifizierten Tatsache gelingt es, ein oder mehrere außergewöhnliche Gefäße = „Wundermeridiane" mit ihren Reserveenergien einzuschalten und zu mobilisieren.
Die Kardinalpunkte sollten daher, wenn nötig, zur Therapie von chronischen (gegen die bisherige Therapie „rebellierenden") Erkrankungen eingesetzt werden.
Bemerkung:	MP 4 — schaltet das chung = Tchong Mo ein.
KS 6 — schaltet das yin-wei = Yin Oe ein.
G 41 — schaltet das tai-mo = Tae Mo ein.
3 E 5 — schaltet das yang-wei = Yang Oe ein.
Dü 3 — schaltet das du-mai = Tou Mo ein.
B 62 — schaltet das Yang Tsiao Mo = Yang Keo ein.
Lu 7 — schaltet das ren-mai = Jenn Mo ein.

	N 6 – schaltet das Yin Tsiao Mo = Yin Keo ein.
Warnung für Anfänger:	Vermeiden Sie, einen der obigen Kardinalpunkte am **Anfang** oder **Ende** einer von Ihnen geplanten Punktekombination zu verwenden!
Mnemotechnik:	Alle bisher genannten Punkte liegen topographisch-anatomisch zwischen Fingerspitzen (jeweils die Lokalisation der Anfangs- oder Endpunkte eines Meridians) und Ellenbogengelenk bzw. zwischen Zehenspitzen und Kniegelenk. (Es gilt dieselbe Wertigkeit innerhalb der Punktehierarchie an der oberen wie an der unteren Extremität.)
6. Alarmpunkt: Herolds = Mo = mu-Punkt	Er kann, muß aber nicht auf seinem zugehörigen Meridian liegen. Er ist bei Erkrankung des ihm zugehörigen Voll- oder Hohlorgans oft spontan druckempfindlich, ja sogar richtig schmerzhaft, und sollte dann immer in die Behandlung eingebaut werden. Grundsätzlich wird ihm, da er immer auf der **ventralen** Körperseite lokalisiert ist, (ventral entspricht dem Yin, dorsal dem Yang) eine eher parasympathicotone Wirkung zugeschrieben.
Bemerkung:	Die diagnostisch verwertbare Schmerzprojektion von erkrankten Voll- oder Hohlorganen auf Hautareale ist ein weiteres wichtiges Merkmal der Alarmpunkte.
7. Zustimmungspunkt: (pei)-shu	Er liegt, unabhängig davon, welchem Meridian er zugehört, immer auf dem inneren = medialen Verlauf des Blasenmeridians am Rücken, d.h. 1 1/2 Cun (transversale Rücken-Cun!) lateral der durch die Processus spinosi gegebenen Medianlinie, jeweils zwischen den Dornfortsätzen zweier benachbarter Wirbelkörper.

Bemerkung: (Daher eher sympathicotone, da **dorsal** = Yang gelegen, sowie weitgehend segmentbezogene Wirkung.)
Die gleichzeitige Punktur entsprechender Alarm- und Zustimmungspunkte (Technik vorne — hinten genannt) dient ebenfalls dem Ausgleich zwischen Yin und Yang und wird häufig in Kombination mit Punkten an den Extremitäten zur Behandlung eher chronischer Krankheiten angewendet.

Für Anfänger: Achten Sie aufgrund der enormen Zunahme der psychosomatischen Erkrankungen besonders auf den Innenwert der Punkte im Hinblick auf ihre psychisch ausgleichende Funktion.
Psychosomatische Zusammenhänge sind, wie Sie sehen, keineswegs eine Entdeckung unserer modernen Medizin!
z. B. Asthmatherapie:
Alarmpunkt des Lungenmeridians = Lu 1
ventral: Neben seiner Wirkung auf den gesamten Respirationsapparat, auch auf depressive Zustände und daraus resultierende Schlafstörungen.
dorsal: Zustimmungspunkt des Lungenmeridians = B 13. Vorwiegend bei chronischen Lungenerkrankungen, aber auch gegen depressive Verstimmung, Kummer, innere Unruhe.

8. Reunionspunkte:
Roe-Punkte
Von ihnen aus kann durch direkte Verbindungen oder über Sekundärgefäße auf mehrere Leitbahnen entsprechender Einfluß ausgeübt werden, was eine umfassende energetische Einwirkung möglich macht und bei sinnvoller Auswahl Nadeln einsparen hilft.
Vergleich: Verkehrsknotenpunkt.

9. Meisterpunkte: Als solche werden aus didaktischen Gründen jene Reizpunkte bezeichnet,

Bemerkung:	von denen aus mit ziemlicher Sicherheit die ihrer Bezeichnung anhaftende gezielte therapeutische Wirkung erwartet werden kann. Sie gehören zu den klassischen Akupunkturpunkten, d.h. unter ihnen befindet sich kein Neupunkt oder P.a.M., sie werden in der Tradition zum Teil als Spezialpunkte erwähnt.
10. Stoffwechselpunkte:	Eine etwas unklare Benennung neueren Datums, die eine Anzahl von klassischen Punkten mit besonderer Beziehung zu Teilen der Stoffwechselfunktionen herausstellt, womit die Allgemeinwirkung über das lokale Geschehen hinaus dokumentiert werden soll.
Bemerkung:	Neuerdings ist man auch geneigt, die sogenannten corticotropen Punkte, einzelne Reunionspunkte, sowie einige Kardinalpunkte dieser Gruppe zuzuzählen.

Aus den bisherigen Ausführungen ergibt sich, daß die angeführten Punktegruppen über die von jedem Akupunkturpunkt erzielbare locoregionale Wirkung hinaus überregional und allgemein wirksam werden, sofern sie ihrem Innenwert entsprechend zum Einsatz kommen.

Da die Akupunktur eine ausgesprochen individuelle Therapieform darstellt, nach dem Motto „Jeder Kranke leidet an **seiner** Krankheit", kann der in unserer modernen Medizin häufig zu beobachtende Schematismus bei Verordnungen, übertragen auf die Akupunktur = Verwendung von starren „Punkterezepten", nur beschränkte Erfolge bringen.

Maßeinheiten

Als Maßeinheit zur Angabe der Stichtiefe, der Entfernung der Punkte voneinander bzw. von anatomisch gegebenen Anhaltspunkten dient das **Cun** (bei verschiedenen Autoren auch Tsroun, Tsun oder Sun genannt), das in 10 gleiche Teile = **Fen** unterteilt wird.

Während das offizielle Cun eine fixe, genormte Länge von 25 mm darstellt, wird in der Medizin, um dem variablen Körperbau möglichst Rechnung zu tragen, das individuell am jeweiligen Patienten zu ermittelnde „persönliche" Cun als Maßeinheit verwendet.
1 „persönliches" Cun = 10 „persönliche" Fen.

Wichtig!
Ein Großteil der für den Anfänger verwirrenden, bei verschiedenen Autoren nachweisbaren Differenzen bei Lokalisationsangaben ist darauf zurückzuführen, daß diese nur das sogenannte „Finger-Cun" als „persönliches" Cun verwenden.
Dieses Maß wird ermittelt, indem man den jeweiligen Patienten ersucht, seine Daumen und Mittelfingerspitze zusammenzulegen, wodurch ein annähernd kreisförmiger Ring entsteht.
Der Abstand der oberen Enden der sich dadurch am Mittelglied des Mittelfingers bildenden Falten ergibt das „persönliche" Finger-Cun dieses Patienten.
Auch die Breite des Daumens, gemessen in Nagelbetthöhe, entspricht etwa einem „persönlichen" Finger-Cun.

Merke: Das offizielle Cun ist für die Angaben der Stichtiefen verbindlich, jedoch nur **approximativ richtig**, wenn Meridiane und Punkte lokalisiert werden sollen!
Daher sollte sich jeder, der die klassische Körperakupunktur praxisgerecht anwenden will, die nachfolgend beschriebene Ermittlung der für die verschiedenen Konstitutionstypen variablen Cun einprägen.

Kopf- und Nackenbereich: longitudinal:
a) Die Entfernung zwischen der Mitte des natürlichen Stirnhaaransatzes und der Mitte der natürlichen Haargrenze im Nacken beträgt 12 (longitudinale Schädel-)Cun.
Ebenso die Entfernung zwischen jenem Punkt der Medianlinie, an dem die Augenbrauen tatsächlich oder gedacht zusammenlaufen = Inn Trang = P.d.M. und der Protuberantia occipitalis externa = LG 16 = Naohu.
b) Die Entfernung zwischen dem obigen Punkt in der Augenbrauenmitte = Inn Trang = P.d.M. und der Mitte des natür-

lichen Stirnhaaransatzes beträgt 3 (longitudinale Schädel-) Cun.

c) Die Entfernung zwischen dem unteren Rand des Proc. spinosus des 7. Halswirbels und der Mitte des natürlichen Haaransatzes im Nacken beträgt ebenfalls 3 (longitudinale Schädel-) Cun.

Transversal:
a) Die Entfernung zwischen dem rechten und linken Processus mastoideus beträgt 9 (transversale Schädel-)Cun.

b) Die Entfernung zwischen den beiden am Vorderschädel gelegenen Punkten M 8 = Touwei beträgt ebenfalls 9 (transversale Schädel-)Cun.

Thorax und Abdomen — longitudinal:
a) Die Entfernung zwischen dem oberen Rand des Manubrium sterni = KG 22 = Tientu und dem in der Medianlinie in Höhe des 5. I.C.R. gelegenen Punktes KG 16 = Chungting beträgt 9 Cun.

b) Die Entfernung vom Schnittpunkt des Rippenbogens mit der Medianlinie bis zum Nabel = KG 15 bis KG 8 beträgt **8 Cun.**

c) Die Entfernung zwischen dem Nabel und dem Oberrand der Symphyse = KG 8 bis KG 2 beträgt 5 Cun.

Transversal:
Die Entfernung zwischen den beiden Mamillen beim Mann bzw. den entsprechenden Mamillarlinien bei der Frau beträgt **8 Cun.**

Bemerkung: Die Unkenntnis bzw. Nichtbeachtung dieser Maßeinheit ist mitschuldig an den verschiedenen Verlaufsangaben der Meridiane am Abdomen, wobei besonders der Nierenmeridianverlauf in seinem Abstand von der ventralen Medianlinie bei den einzelnen Autoren unterschiedlich angegeben wird.

Rücken-Lendenbereich — longitudinal:
Als Basis der Messung dienen die Processus spinosi der Wirbelkörper einerseits und die Intercostalräume andererseits.
Hierbei entspricht bei locker, mit hängenden Armen stehendem Individuum, Kopf vorgebeugt, die deutlichste Erhebung im Nacken dem Proc. spinosus von C 7.

Der Unterrand der Scapula liegt dann in Höhe des 7. B.W. Dornfortsatzes.
Der höchste Punkt der Beckenschaufel liegt in einer Höhe mit dem 4. L.W. Dornfortsatz, und die Spina posterior superior ist in Höhe des 2. Sacralwirbels gelegen.

Transversal:
Die Entfernung zwischen den Innenrändern der Scapulae (Margo vertebralis) und der dorsalen Medianlienie beträgt **3 Cun**. (Bei der Messung läßt man den Patienten seine Ellbogen mit seinen vor dem Thorax verschränkten Händen halten.
Hilfstip: zur leichteren Orientierung Dermographismus hervorrufen.

Obere Extremitäten:
a) Die Entfernung zwischen der vorderen Achselfalte und der Ellbogenfalte beträgt **9 Cun**.
b) Die Entfernung zwischen der Ellbogenfalte und der Handwurzelfalte beträgt **12 Cun**.

Untere Extremitäten:
a) Die Entfernung vom Oberrand der Symphyse und einer gedachten Querlinie in Höhe der Mitte der Fossa poplitea beträgt **18 Cun**.
b) Die Entfernung zwischen obiger Linie in Höhe der Mitte der Fossa poplitea und dem oberen Rand des äußeren Knöchels beträgt **16 Cun**.
c) Die Differenz der Höhen der Oberränder des äußeren und des inneren Knöchels beträgt **1 Cun**.
d) Die Entfernung zwischen dem oberen Rand des äußeren Knöchels und dem Unterrand der Ferse beträgt **3 Cun**.
Merke: Diese Maße haben für gebeugte wie gestreckte Extremitäten Gültigkeit.

Verschiedene Formen der Körperakupunktur

1. Das locus dolendi-Stechen:
Älteste Form der Akupunktur = Primitivakupunktur.
An den vom Patienten angegebenen schmerzhaften Stellen wird ohne Berücksichtigung, ob es sich dabei um einen Akupunkturpunkt handelt, eine oder mehrere Nadeln gesetzt, die 10 bis 20 Minuten belassen und dann wieder entfernt werden.

Indikationen hierzu: Lokalisierte Prozesse mit umschriebener Schmerzhaftigkeit.
2. Diese Methode kann mit mehr Aussicht auf Erfolg dadurch erweitert werden, indem man in der Nähe des Prozesses gelegene klassische Akupunkturpunkte bzw. „Neupunkte" oder Punkte außerhalb der Meridiane = P.a.M. in die Behandlung miteinbezieht.
3. Akupunktur mittels Nadelung von Fernpunkten (Beispiel: Nadelung eines oder mehrerer Punkte an den Vorfüßen, die über den Meridianverlauf das entsprechende Schädelgebiet beeinflussen, zur Behandlung von Schläfen- oder Scheitelkopfschmerzen).
4. Aufgrund der Diagnostik bzw. empirisch bewährter Ergebnisse sinnvolle, dem jeweiligen Patienten und dessen Leiden angepaßte Kombination von locoregional wirksamen Punkten, mit diesen angepaßten Fernpunkten in tonisierender oder sedierender Manier, um überregionale Wirkungen zu erzielen.
Dazu, wenn erforderlich, Punkte mit bekannter Allgemeinwirkung.

Punkte, die gemeinsam punktiert werden
a) Man punktiert üblicherweise in derselben Sitzung die spiegelbildlich angeordneten Punkte rechts und links.
b) Man verwendet Punkte an der oberen und an der unteren Extremität, sofern deren Indikation und Aktion identisch ist.
c) Man punktiert Punkte an der ventralen und an der dorsalen Körperhälfte, (z.B. Alarmpunkt – Zustimmungspunkt).
d) Man provoziert eine Reaktion über regionale und Fernpunkte.

Stichtiefe, De Qi-Gefühl
Man verwendet verschiedene Stichtiefen, wobei zur Erreichung des „Nadelgefühls" = De Qi ein tieferer Stich erforderlich ist.
Dabei muß man den Patienten beobachten, ob er erkennen läßt, daß man die sensible Schicht erreicht hat.
Diese Sensation wird verschieden beschrieben. Manche Patienten empfinden ein Gefühl der Schwere, andere ein Druckgefühl, eine elektrisierende Empfindung oder ein unbestimmtes Gefühl, das sie nicht exakt beschreiben können.

Diese Sensationen können mehr oder minder weit zentripetal oder zentrifugal ausstrahlen, wobei die Ausstrahlung bis zu einem gewissen Grad durch Manipulationen mit der Nadel gelenkt werden kann.

Merke: Die in der Literatur angegebenen Stichtiefen sind durchaus **nicht an allen** in einer Sitzung verwendeten Punkten erforderlich!
Läßt sich eine Nadel nur schwer entfernen, so lasse man sie noch einige Zeit in situ und massiere die Haut in ihrer Umgebung bevor man sie entfernt.

Bei mit blutgerinnungshemmenden Medikamenten behandelten Patienten (keine absolute Kontraindikation) achte man besonders auf Nachblutungen aus dem Stichkanal und darauf, bei der Punktur keine Vene zu penetrieren. Für solche Patienten ist in der Regel die Ohrakupunktur vorzuziehen.

Auf die zahlreichen Möglichkeiten einer Reizverstärkung (Wärme, Manipulation der Nadel, elektrische Stimulation etc.) wird in der Broschüre „Wissenschaftliche Körperakupunktur in der Praxis" (gleicher Verlag, in Vorbereitung) eingegangen.

Erklärung zur didaktischen Aufbereitung des Lehrstoffes

Zur bequemen Übersicht für den Leser wurde eine typographische Unterteilung des Textes vorgenommen. Wichtige, erfahrungsgemäß häufig zur Verwendung kommende Punkte sind im Normaldruck gesetzt, seltener benötigte Punkte im Kleindruck.

Die Übersetzung der chinesischen Namen ist zum Teil wörtlich wiedergegeben, in manchen Fällen jedoch sinngemäß modifiziert.

Zur topographisch-anatomischen Lokalisation wurden alte und neueste Literaturangaben fernöstlicher und westlicher Autoren herangezogen; bei gravierenden Diskrepanzen wurden jeweils Hinweise und Erklärungen beigefügt.

Für die Angabe der Stichtiefe, evtl. Richtung des Stiches, sind zahlreiche Literaturangaben besonders im Hinblick auf Minimal- und Maximalstichtiefe überprüft worden.

Zum besseren Überblick sind die Indikationen in
locoregionale
überregionale und
allgemeine
unterteilt.
Hier war eine strenge Trennung wegen der häufigen Überschneidungen der Wirkungsbereiche nicht immer möglich! Jedoch wird der gutmeinende Leser nach dem Studium des Buches sicher Verständnis dafür aufbringen und entsprechende Nachsicht üben.
Aus der Tradition wichtig oder interessant erscheinende Angaben, Bemerkungen und Mnemotechnik sind gesondert unter diesen Bezeichnungen angeführt, womit weitgehend alles zu diesem Thema Wissenswerte berücksichtigt wurde.
Jene Leser, die sich mit der Materie zu befassen beginnen, mögen sich durch Vielfalt der Indikationen, die den einzelnen Punkten zugeschrieben werden, nicht verwirren lassen. Bedenken Sie, daß auch moderne Medikamente zumeist bei verschiedenen Indikationen wirksam sind, natürlich mit gradueller Unterscheidung.
Ähnliches trifft auf den sogenannten „Innenwert" der Akupunkturpunkte zu.
Nehmen Sie bitte auch zur Kenntnis, daß viele Wege nach Rom führen, was sich in den unterschiedlichen Lehrmeinungen der westlichen Medizin genauso ausdrückt wie in jenen der verschiedenen Akupunkturschulen in Vergangenheit und Gegenwart.
Es wäre utopisch und unrealistisch, von der Lehre einer Heilmethode mit derart langer Vergangenheit völlig einheitliche, quasi diktatorische Richtlinien zu verlangen!

Die Punkte und Indikationen der Meridiane

Meridian der Lunge (fei)

Cheou Tae Inn = Mächtiges Yin des Armes, The arm greater Yin Meridian.
Abkürzungen in der Literatur: Lu = Lunge, lung, P = poumon.
Nach internationaler Nomenklatur: Nr. I. (Erster Meridian im Energiekreislauf)
Meridian eines Vollorganes = Speicherorganes = tsang, daher YIN.
Energieverlauf zentrifugal. Die Energie kommt vom Lebermeridian und wird an den Dickdarmmeridian weitergeleitet.
Chronobiologie:
Optimalzeit zur Tonisierung 5–7 Uhr.
Der Zustimmungspunkt = IU = Pei shu ist B 13. Er liegt 1 1/2 Cun seitlich der Spitze des Proc. spinosus des 3. Brustwirbels.
Der Alarmpunkt = Heroldspunkt = Mo = Mu-Punkt ist der 1. Punkt des Meridians, Lu 1. Er liegt 1 Cun unter der Clavicula und 6 Cun seitlich der ventralen Medianlinie.
Der äußere Verlauf des Meridians ist durch 11 Punkte gekennzeichnet. (Abb. 1)

Verlauf: Vom Punkt Lu 1 zieht der Meridian bis an den Unterrand der Clavicula gerade nach oben, um dann über den vorderen äußeren Rand der Axilla die Innenseite des Oberarmes zu erreichen. Hier zieht er vor dem Herz- und KS-Meridian abwärts zur Mitte der Innenbeuge des Ellbogens (Lu 5) und weiter über die radiale vordere Seite des Unterarmes zum Handgelenk über der A. radialis (Lu 9). Von hier über den Daumenballen zu seinem Endpunkt Lu 11, der am äußeren Nagelfalzwinkel (bei anderen Autoren am inneren, zeigefingerseitigen) gelegen ist. (Dies ist kein gravierender Widerspruch, weil die Spitzen der Akren als Punkte außerhalb der Meridiane besondere Bedeutung haben; Arterio – venöses Anastomosengebiet.)

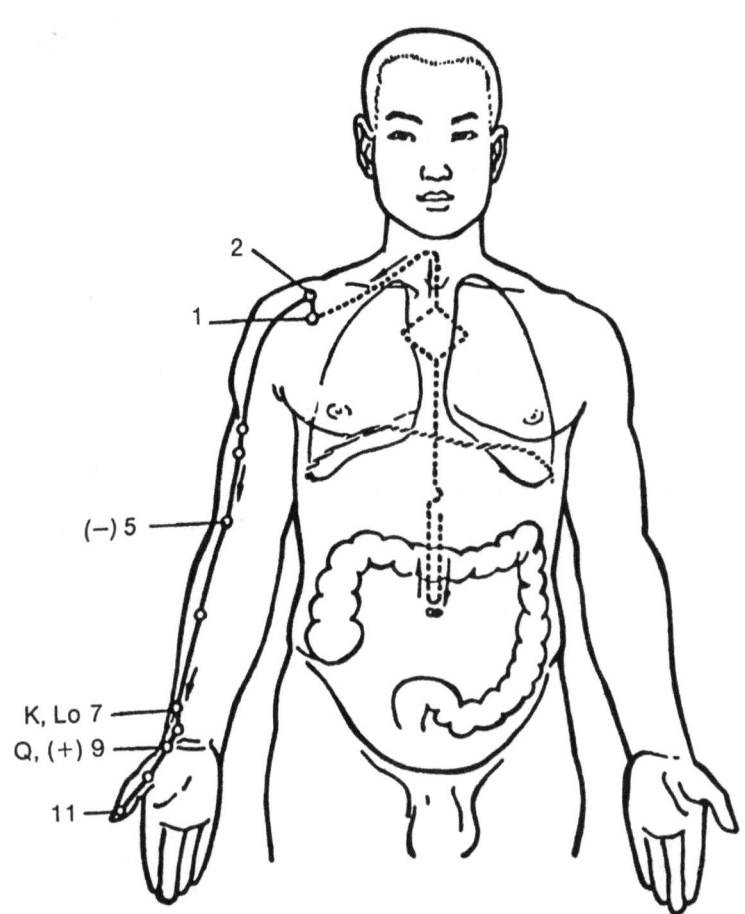

Abb. 1

Meridian der Lunge

Tonisierungspunkt	= Lu 9
Sedativpunkt	= Lu 5
Quellpunkt	= Lu 9
Durchgangspunkt (Lo)	= Lu 7 zu Di 4
Zustimmungspunkt	= B 13
Alarmpunkt	= Lu 1
Kardinalpunkt, der den „Wundermeridian" K 6 = Jenn Mo einschaltet	= Lu 7

Die gestrichelte Linie deutet jeweils den sogenannten inneren Meridianverlauf an.

Tradition: Der Lunge wurde die Rolle der „Ordnung des Rhythmus" zugeschrieben, d.h. der Bereich dessen, was die westliche Medizin als Atemfunktion erfaßt. Dabei ist zu bedenken inwieweit der physiologische Atemrhythmus bzw. dessen Störungen die energetischen Einflüsse im Organismus steuern und verändern können.

Die Atemluft und deren Sauerstoffanteil macht ja die aus der Nahrung gewonnene Energie erst brauchbar um ihrer Funktion als Bau- und Wehrenergie nachkommen zu können. Vice versa ist die ebenso wichtige Ausscheidungsfunktion in Betracht zu ziehen.

Der Lungenmeridian ist also für den Respirationstrakt und für „Stauungen", gemeint sind dadurch bedingte hypoxämische Zustände, verwendbar.

Lu 1: chung-fu, Tchong Fou = „Wirkungskreis der Eingeweide" auch ying-shu = „Zustimmung für die Brust".

Funktion: Alarm- = Heroldspunkt = Mo = mu seines Meridians. **Reunionspunkt** der „großen" Yin-Meridiane der Arme und Beine = Lungen- und Milz-Pankreas Meridian.

Lokalisation: a) 1 Cun unter der Clavikula und 6 Cun seitlich der ventralen Medio-Sagitallinie, in einer Höhe mit KG 20.

b) Über eine gedachte Vertikale, die 2 Cun lateral der Mamille verläuft, findet man 1 Cun unter dem Unterrand der Clavicula den Punkt Lu 1.

Punktur: Bis 2 Fen senkrecht oder 5 Fen schräg. (Cave Pleuram!)

Indikationen: locoregional: Hilfspunkt bei Schmerzen im Schulterbereich, sowie sterno-clavicular.

überregional: Alle Lungenkrankheiten, besonders solche, die mit Atemstörungen einhergehen, wie Bronchitiden, Asthma bronchiale, bronchopneumonische Herde, aber auch symptomatisch, wenn diese Beschwerden durch Tbc. pulmonum bedingt sind. Appetitlosigkeit, Übelkeit, Erbrechen, besonders, wenn dies Begleiterscheinungen der Lungenerkrankung sind. Schmerzende Haut, juckende Dermatosen, Nachtschweiß.

allgemein: Wirkung auf den ganzen Atemapparat, auf den HNO-Bereich = Geruchssinn, auf diverse

Hautkrankheiten, **Angst/Sorge**-Punkt. Segmentäre Übereinstimmung mit B 13, B 42, = 1 1/2 bzw. 3 Cun lateral vom 3.BWD.

Lu 2: yün-men, Iunn Menn = „Wolkentor".
Lokalisation: Oberhalb von Lu 1, an der Unterkante der Clavicula.
Punktur: 3 Fen senkrecht—1 Cun schräg.
Indikationen: Wie Lu 1.

Lu 3: t'ien-fu, Tienn Fou = „Himmelspalast".
Lokalisation: Über den M. biceps brachii, 3 Cun unter der vorderen Achselfalte oder 6 Cun oberhalb der Ellbogengelenksfalte. Eine originelle Methode den Punkt zu orten besteht darin, den Patienten seinen Biceps an seine Nasenspitze drücken zu lassen, sie markiert Lu 3.
Punktur: 5 Fen—1 Cun senkrecht.
Indikationen: locoregional: Schmerzen an der Innenseite des Oberarmes, rheumatische Schmerzen im Schulterbereich.
überregional: Atembeschwerden mit Völlegefühl in der Brust, Asthma bronchiale, Singultus, Epistaxis, Herzschmerzen.

Tradition: *Lu 3 galt als „Himmelsfenster", womit eine Art Umschaltstelle der energetischen Versorgung zwischen Körper und Schädelbereich, auch der Yin-Meridiane in ihre Yang-Partner, die dann für sie energetisch oberhalb der Clavikularlinie wirksam sind, gemeint ist.*
Der diesbezüglich scheinbare Widerspruch betreffend diese Lokalisation von Lu 3, ist bei zum „Himmel" gehobenen Armen ausgeräumt.
Aus dieser Sicht werden die traditionellen Indikationen Apoplexie und Gedächtnisverlust verständlich.

Lu 4: chia-pai, Hap Po = „An der Grenze des hellen Armanteiles".
Lokalisation: 1 Cun caudal von Lu 3.
Punktur: 5 Fen—1 Cun senkrecht.
Indikationen: locoregional: Schmerzen an der Innenseite des Armes, Schmerzen im Thoraxbereich.
überregional: Dyspnoe, Husten.

Lu 5:	ch'i-tse, Tche Tsre = „Teich am Ellenbogen".
Funktion:	**Sedativpunkt, Ho-Punkt.**
Lokalisation:	In der Mitte der Ellbogenfalte, an der radialen Seite der Bicepssehne.
Punktur:	3 Fen—1 Cun senkrecht.
Indikationen:	locoregional: Epicondylitis, Kontrakturen und Schmerzen im Ellbogengelenk, Crampi, Spasmen und Sensibilitätsstörungen im Meridianverlauf. Auch Intercostalneuralgien. überregional: asthmoide Zustände, insbesonders nächtliche Beschwerden, Dyspnoe, spastische Emphysembronchitis, Beklemmungsgefühl, Gähnzwang. allgemein: Alle nächtlichen Beschwerden, Husten, Pruritus, auch als Hilfspunkt bei Enuresis nocturna.. Hauterkrankungen, besonders im Gesichtsbereich, Akne, aber auch Hydrosadenitis. Bemerkung: Moxibustion nicht empfehlenswert.
Lu 6:	k'ung-tsui, Kong Tsoe = „Äußerste Höhlung".
Lokalisation:	7 Cun oberhalb der Handgelenksfalte = 5 Cun distal der Ellbogenfalte, auf einer gedachten Verbindungslinie von Lu 5 zu Lu 9.
Punktur:	3 Fen—1 Cun senkrecht.
Indikationen:	locoregional: Schmerzen im Arm und Ellbogen mit Bewegungseinschränkung. überregional: Laryngitis, Husten, Asthma bronchiale. allgemein: Unterstützend zur Förderung des Schweißtreibens bei fieberhaften Erkrankungen.
Lu 7:	lieh-chüeh, Lie Tsiue = „Vorbei an den Engen, Engpaß".
Funktion:	**Durchgangs-** = Anknüpfungspunkt = Lo = luo. Von ihm besteht über ein Sekundärgefäß = Verbindung zum Quellpunkt seines Yang-Partners = zu Di 4. **Kardinalpunkt** = Schlüsselpunkt zur „Einschaltung" des außergewöhnlichen Gefäßes = „Wundermeridians" Jenn Mo = KG.
Lokalisation:	a) 2 Cun proximal der Handgelenksquerfalte, über der A. radialis, in Höhe des Processus styloides radii.

b) Hilfsmethode zu a): Beim Kreuzen beider Daumen, dort wo die Zeigefingerspitzen auf der A. radialis zu liegen kommen. Bemerkung: Aus Gründen der mangelhaften anatomischen Kenntnisse der „Barfußärzte" und um Komplikationen zu vermeiden, in der modernen chinesischen Literatur verlegt an den Processus styloides radii, 1 1/2 Cun oberhalb der Handgelenksfalte. Beachte: Dafür Punktur schräg nach unten 1 Cun!

Punktur: 2 Fen schräg in Richtung der Arterie, in Meridianrichtung.

Indikationen: locoregional: Paraesthesiae antebrachii, Hitzegefühl in den Händen, rheumatoide Beschwerden im Schulter- und Armbereich.
überregional: Hauptpunkt für alles Geschehen im Thoraxbereich. Einer der wichtigsten Fernpunkte bei der Asthmatherapie, bei Bronchitis, ständigem Hustenreiz, Keuchhusten. Migräne — bei streng einseitiger Lokalisation contralateral stechen. Spasmen im Gesichtsbereich, Facialisparese. Trigeminusneuralgie des 2. Astes. Als Kardinalpunkt: Gegen alle Schwächezustände, chronische Katarrhe, Impotenz, Frigidität, Ödemneigung, chronische Durchfälle, verzögerte Wundheilung.

Tradition: *Lu 7 regiert den Kopf- und Halsbereich. Galt als Hauptpunkt gegen Stauungen im Thoraxbereich. Gegen Schmerzen im Gesichtsbereich häufig zusammen mit Di 4.*

Lu 8: ching-ch'ü, King Khue = „Abfluß aus dem Gefäß, Meridian".

Lokalisation: Über der A. radialis, 1 Cun proximal von der Handgelenksquerfalte. (3. Pulstaststelle, am Daumen).

Punktur: 2 Fen senkrecht oder 5 Fen—1 Cun schräg. (Cave arteriam!)

Indikationen: locoregional: Schmerzen im Handwurzelbereich, „heiße" Hände, Paraesthesiae der Finger.
überregional: Husten, Pharyngitis, Asthma bronchiale, Schmerzen im Thoraxbereich.

Tradition: *Zum Schweißtreiben bei febrilen Zuständen, Oesophagusspasmen, Erbrechen. Schmerzen in der Herzgegend mit Brechreiz, „Gefühl, als ob die Energie nach oben dränge", Malariahilfspunkt. Moxibustion nicht ratsam.*

Lu 9: t'ai-yüan, Tae Iuann = „Tiefster Abgrund".
Funktion: Tonisierungspunkt, zugleich Quellpunkt mit Verbindung über ein Sekundärgefäß zum Durchgangs- = Anknüpfungs- = Lo-Punkt seines gekoppelten Yang-Partners = dem Punkt Di 6.
Lokalisation: Radialisrinne, in Höhe der Handgelenksquerfalte. (Auch hier in der modernen chinesischen Literatur aus den bei Lu 7 angeführten Gründen Lokalisation: Radial neben der A. radialis in Vertiefung.)
Punktur: 2 Fen senkrecht oder 5 Fen schräg. (Cave arteriam!)
Indikationen: locoregional: Hitzegefühl an den Handtellern, Schmerzen an der Innenseite des Armes bis zur Scapularegion und zum Nackenbereich. (Beachte: Verlauf des Lungen- und Dickdarmmeridians!)
überregional: Beklemmungsgefühl in der Brust, Dyspnoe, Husten mit reichlicher Sekretion, asthmoide Bronchitis, Haemoptysen bei Stauungsbronchitis. Durch Verbindung mit Di-Meridian: Durstgefühl, trockene Kehle, Übelkeit, Erbrechen, Oesophagusspasmen, Stuhlinkontinenz. Migräne, Neuralgien im Schädelbereich. Psychasthenie, Erregungszustände mit Schlaflosigkeit.
allgemein: Spezialpunkt für Gefäßkrankheiten, Arrhythmien, Tachycardieneigung.

Tradition: *Punkte gegen Migräne: Lu 9, Lu 7, B 2, 3 E 23, MP 2, M 1.*

Lu 10: yü-chi, Ju Tchi = „Grenze des Fischbauches". (Wegen der Ähnlichkeit des Daumenballens mit einem Fischbauch).
Lokalisation: An der Palmarseite der Hand, distal vom Metacarpo-Phalangealgelenk des Daumens, dort wo der Farbton der Haut von rötlich in weiß übergeht, in einer tastbaren Vertiefung, ca. 1 Cun distal vom Köpfchen des Metacarpale I.
Punktur: 3 Fen—1 Cun senkrecht.
Indikationen: locoregional: Schmerzen im Daumengrundgelenk, Kraftlosigkeit, zusammen mit Di 4. Schmerzen im Arm, Ellbogen- und Schultergelenk sowie im Nackenbereich, besonders rheumatischer Genese.

überregional: Atembeschwerden, schmerzhafter Husten, Pharyngotracheitis, asthmoide Bronchitis.
allgemein: Sehr wirksam zur Fiebersenkung, dann meist zusammen mit Di 4, Di 11, LG 14. Bei Angst vor Zugluft, ständigem Frösteln meist mit 3 E 10. Beschwerden, die aus dem Alkoholismus resultieren: Dabei mit Le 3, Le 8, Le 14, KG 12, G 1, LG 20, B 18, B 20, B 23. Schweißtreibende Wirkung mit Di 4, Di 10, H 5.

Lu 11: shao-shang, Chao Chang = „Geringer Händler, Detailhändler".
Funktion: Meisterpunkt der Halskrankheiten, Ausgangspunkt für den TMM.
Lokalisation: 1 Fen proximal und lateral vom **äußeren** Nagelfalzwinkel des Daumens.
Punktur: 1—2 Fen senkrecht, oder Blutung hervorrufen (zur Sedierung).
Indikationen: locoregional: Schreibkrampf, Arthralgien der Hand- und Fingergelenke.
überregional: Alle Entzündungen und Schmerzen im Pharynx und Larynx, (**besonders bei Kindern** ist oft schon die Massage wirksam). **Angina,** Tonsillarabszesse, Epistaxis, Sinusitis. Bronchitis, Keuchhusten. Bradycardie, Herzschmerzen, Roemheld-Syndrom. Oesophagusspasmen, chronischer Darmkatarrh. Kongestiver Kopfschmerz, Konvulsionen, cerebrale Insulte.

Tradition: *Symptomatischer Sedativpunkt zur Sedierung des Yang, bei Überfunktion der Vollorgane = tsang, daher keine Moxibustion.*

Meridian des Dickdarms (ta-ch'ang)

Cheou Yang Ming = Glänzendes, helles Yang der Hand, The arm sunlight Yang Meridian.
Abkürzungen in der Literatur: Di = Dickdarm, GI = Gros intestin, LI = large intestine.
Nach internationaler Nomenklatur: Der II. Meridian im Energiekreislauf.
Meridian eines Hohlorganes = Werkstättenorganes = fu, daher YANG.
Energieverlauf zentripetal. Er erhält seine Energie vom Lungenmeridian und gibt sie an den Magenmeridian weiter.
Chronobiologie:
Optimalzeit zur Tonisierung 7—9 Uhr.
Sein Zustimmungspunkt = IU = Pei shu ist B 25, er liegt 1 1/2 Cun seitlich der Spitze des 4. Lendenwirbeldornfortsatzes.
Sein Alarmpunkt = Heroldspunkt = Mo = Mu ist M 25. Er liegt 2 Cun seitlich vom Nabel, in einer Höhe mit KG 8 und N 16.
Sein äußerer Verlauf ist durch 20 Punkte gekennzeichnet (Abb. 2).

Verlauf: Der Meridian beginnt am äußeren, daumenseitigen Nagelfalzwinkel des Zeigefingers, zieht radial entlang des Metacarpale II zum Winkel, den dieses mit dem Metacarpale I bildet (Di 4). Sodann über die Tabatiere und die Außenseite des Unterarmes aufwärts bis zum lateralen Ende der Ellbogenfurche. (Di 11). Von hier über die Außenseite des Oberarmes auf das Schultergelenk (Di 15, Di 16) und nun über die vordere Halspartie zum Unterkiefer. In seinem Verlauf umfließt er den Mund und kreuzt nach neuerer Ansicht beim Punkt LG = Tou Mo 26 an der Naso-Labialrinne auf die Gegenseite, um mit seinem 20. Punkt in einem Grübchen an der Naso-Labialfalte zu enden. Außerhalb des Meridianverlaufs ist noch der Punkt M 37 (in der Nähe des Appendixpunktes gelegen) erwähnenswert, über den eine direkte Beeinflussung des Dickdarmes möglich ist (sogenannte Ho-Funk-

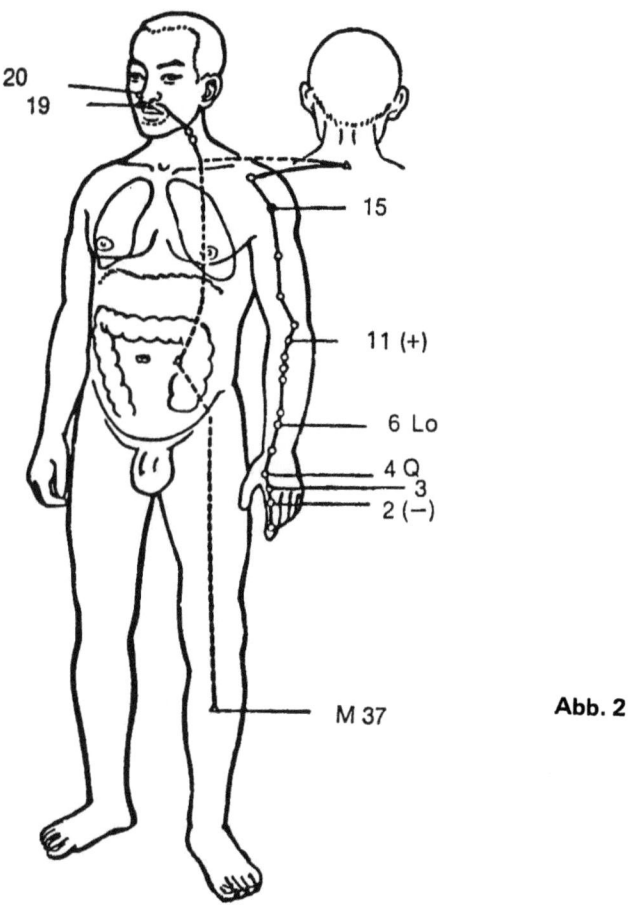

Abb. 2

Meridian des Dickdarms

Tonisierungspunkt	= Di 11
Sedativpunkt	= Di 2
Quellpunkt	= Di 4
Durchgangspunkt (Lo)	= Di 6 zu Lu 9
Zustimmungspunkt	= B 25
Alarmpunkt	= M 25
Punkt mit HO-Funktion = direkte Einwirkung auf das Hohlorgan, den Dickdarm	= M 37

tion, siehe später bei der Beschreibung des Magenmeridians).

Tradition: *Dem Dickdarm wurde im Gesamtorganismus die Rolle eines Fortleitungsorganes zugeschrieben, welches für die Umwandlung der Nahrung und für deren Zwischenspeicherung zuständig ist. Er bildet als Yang-Organ mit der Lunge (Yin) ein funktionelles Gespann und so sind viele gemeinsame Indikationen verständlich.*
Seine wesentlichsten Funktionen, auf den Meridian bezogen, kann man mit „schleimhautwirksam" und „Ausscheidungsorgan", charakterisieren.

Di 1: shang-Yang, Chang Yang = „Yang der Wandlungsphase Metall".
Funktion: Anfangspunkt des TMM des Dickdarms.
Lokalisation: 1 Fen proximal und lateral vom äußeren (daumenseitigen) Nagelfalzwinkel des Zeigefingers.
Punktur: 1—3 Fen senkrecht oder schräg, evtl. zur Sedierung Blutung hervorrufen.
Indikationen: locoregional: Paraesthesiae der Finger.
überregional: Schulter-Armsyndrom, Gesichtsneuralgie, Laryngitis, Pharyngitis, Heiserkeit, Hypakusis, Tinnitus. Zahnschmerzen, Gingivitis, Stomatitis. Asthmoide Bronchitis, febrile Bronchitis. Akne des Gesichtes mit Lu 5.
allgemein: „**Meisterpunkt**" gegen **Zahnschmerzen**. Wird in der Zahnanalgesie mit Di 4 verwendet. Schon durch Druck auf Di 1 lassen Zahnschmerzen nach.

Di 2: erh-chien, Eu Tsienn = „Zweiter Intervall".
Funktion: Sedativpunkt des Meridians, **Stoffwechselpunkt**.
Lokalisation: In einem Grübchen, radial und distal des Metacarpo-Phalangealgelenkes des Zeigefingers. (Daumen in die geschlossene Faust versenken, am Ende der Falte, die knapp vor dem Grundgelenk entsteht.)
Punktur: 2—5 Fen senkrecht.
Indikationen: Der Punkt wird fast immer mit Di 3 zusammen verwendet und hat dieselben Indikationen. Siehe Di 3.

Di 3: san-chien, Sann Tsienn = „Dritter Intervall".
Funktion: **Stoffwechselpunkt.**
Lokalisation: In einem Grübchen, das proximal vom Capitulum des Metacarpale II tastbar ist.
Punktur: 3 Fen senkrecht—1 Cun schräg nach ulnar.
Indikationen: locoregional: Spasmen und Algien der Unterarme und Hände.
überregional: Schulter-Armsyndrom. Facialisparese, Trigeminusneuralgie. Konjunktivitis, Blepharitis. Angina, Laryngo-Pharyngitis, Epistaxis. Stomatitis, Glossitis, Parodontitis, Ostitis nach Zahnextraktionen (PETRICEK: wirkt auf die tiefer liegenden Schichten im Ober- und Unterkiefer.) Enterocolitis, Völlegefühl, Oesophagusspasmen. Alle Hauterkrankungen, besonders Akne.
allgemein: Wirkung auf Haut und Schleimhäute, Diurese-fördernd, Fiebersenkend mit Di 11, LG 14 (13).

Di 4: ho-ku, Ro Kou = „Talsohle". Im chinesischen Volksmund wird Di 4 „Rachen des Tigers" genannt.
Funktion: **Quellpunkt, steht in Verbindung mit dem Durchgangs- = Passagepunkt = Lo = luo seines gekoppelten Yin-Partners, dem Punkt Lu 7. Stoffwechselpunkt.**
Lokalisation: Etwas distal vom Winkel, den Metacarpale I und II bilden, näher zu Metacarpale II. (Bei gestreckten Fingern entsteht, wenn man den Daumen an den Zeigefinger preßt, ein Muskelwulst neben dem Metacarpale II, dessen höchster Punkt der Lokalisation von Di 4 entspricht, also ca. in der Mitte des Metacarpale II und radial von diesem.)
Punktur: 3 Fen—1 Cun senkrecht.
Indikationen: locoregional: Gelenkschmerzen und Neuralgien im Meridianverlauf-Arme-Schulter, Dupuytrensche Kontraktur.
überregional: Schnupfen (kann im Anfangsstadium mit Di 4 kupiert werden), akute und chronische Pharyngitis, Laryngitis, Tonsillitis, Tinnitus, Hypakusis, rezidivierende Epistaxis. Migräne,

Facialisparese, Trigeminusneuralgie, Hemiplegie, dabei werden zusätzlich Di 11, B 2, 3 E 23 (21) oder Tai Yang, G 20 und eventuell MP 2 empfohlen. Sehstörungen, Konjunktivitis. Bei bestimmten Asthmaformen (Asthma der Fülle). Atonische Obstipation, aber auch Colitis mit Durchfällen. Alle Hauterkrankungen mit Juckreiz, Akne des Gesichtes, übermäßige Schweißsekretion. Amenorrhoe, Hypomenorrhoe, verzögerter Geburtenverlauf mit B 67. Erschöpfung durch Überanstrengung, Krankheiten, oder psychischem Trauma, Neurasthenie.

allgemein: Einer der wichtigsten therapeutischen Punkte, besonders in Kombination mit entsprechenden Punkten anderer Meridiane, die mit dem Dickdarmmeridian energetische Verbindungen haben. So können die folgenden Punkte fast bei allen Erkrankungen zur Erzielung einer stärkenden belebenden Wirkung verwendet werden.
a) Di 4, Di 11, M 36.
b) Di 4, Lu 7, M 36.
c) Di 4, Di 11, LG 13 (14).

Hauptanalgesiepunkt für Unterkiefer mit M 6, M 5 sowie KG 24. Für Oberkiefer mit Dü 18, M 7, M 4, M 5. Zahnschmerzen, Abszesse, Trismus.

Tradition: *Bei Schwangerschaft nicht stimulieren!*

Di 5:   yang-hsi, Yang Ki = „Kleines Tal des Yang".
Lokalisation: Distal von der radialen Seite der Handrückenquerfalte in einer Mulde, die von den Sehnen des M. extensor pollicis brevis und des M. extensor carpi radialis longus begrenzt wird = Tabatiere.
Punktur: 3—5 Fen senkrecht.
Indikationen: locoregional: Handgelenksschmerzen, Muskelkontrakturen, Schwellungen und Schmerzen nach Unterarmgips etc.
überregional: Tinnitus, Hypakusis, Angina. Conjunktivitis, Lidrandentzündungen mit Juckreiz. Zahnschmerzen, Dyspeptische Beschwerden, besonders bei Kleinkindern. Pruritus, Urticaria.

Tradition: *Als King-Punkt eines Yang-Meridians dem „Feuer = Sommer" zugehörig, gibt er der Oberfläche = Haut und oberflächlicher Muskelschicht zusätzliche Oe = Abwehr-Energie.*

Di 6: p'ien-li, Pienn Li = „Seitliche Bahn".
Funktion: Durchgangs- = Passagepunkt = Lo = luo mit Verbindung zum Quellpunkt des gekoppelten Yin-Partners, dem Punkt Lu 9.
Lokalisation: An der Außenseite des Unterarmes, 3 Cun über der Handgelenksfalte, distal vom Radiusköpfchen. (Beim Kreuzen der Daumen – siehe Lu 7 – zeigt die Spitze des gestreckten Zeigefingers der obenauf liegenden Hand, an der Außenseite des Radius angelegt, auf den Punkt.)
Punktur: 3–5 Fen senkrecht oder schräg.
Indikationen: locoregional: Neuralgien und Muskelkontrakturen des Unterarmes, stärkt die Kraft des Daumens und Zeigefingers.
überregional: Facialisparese, Zahnschmerzen, Tonsillitis, Tinnitus, Epistaxis. Sehstörungen. Spastische Colitis und Obstipation.
allgemein: Unruhe, unaufhörliche Logorrhoe, mit KG 15, LG 19.

Di 7: wen-liu, Iuann Liou = „Wärme des Nervenknotens, warmer Strom".
Lokalisation: Auf einer Verbindungslinie zwischen Di 5 und Di 11, 6 Cun proximal der dorsalen Handgelenksfalte, (kräftige Faust machen lassen, es formt sich ein Muskelwulst, den die Chinesen „Kopf einer Schlange" nennen. Di 7 liegt an der Spitze dieser durch den M. extensor digitorum communis gebildeten Muskelmasse.)
Punktur: 3 Fen–1 Cun senkrecht.
Indikationen: locoregional: Arm- und Schulterschmerzen.
überregional: Angina, Stomatitis, Glossitis, Parotitis. Bauchschmerzen mit Flatulenz und Meteorismus.

Tradition: *Tsri-Punkt = aktiviert Yin und Yang*
a) bei Störungen des gesamten Di-Systems, ausgelöst durch Blockade der Energiezirkulation,

b) *bei Depressionszuständen – bringt er das Yang-Ming in Bewegung,*
c) *bei Bauchschmerzen, Füllezuständen im Zwerchfellbereich, Hals- und Zungenschmerzen.*

Di 8: hsia-lien, Cha Lien = „Untere Armregion".
Lokalisation: 4 Cun distal von Di 11 = äußeres Ende der dorsalen Ellbogengelenksquerfalte, bei stark angewinkeltem Arm.
Punktur: 5 Fen–1 Cun senkrecht.
Indikationen: locoregional: Arm- und Ellbogenschmerzen.
überregional: Geisteskrankheiten, Hemiplegie, Diarrhoe mit Schmerzen im Mittel- und Unterbauch, Mastitis.
allgemein: Hilfspunkt bei rheumatischen Erkrankungen.

Tradition: *Verstärkt die Wirkung der distal von ihm liegenden Meridianpunkte.*

Di 9: shang-lien, Chang Lien = „Obere Armregion".
Lokalisation: 2 Cun distal von Di 11, am äußeren Rand des Muskelwulstes des M. extensor digitorum communis.
Punktur: 5 Fen–1 Cun senkrecht.
Indikationen: locoregional: Arm- und Schulterschmerzen, auch Paresen, Paraesthesiae, Sensibilitätsstörungen.
überregional: Kopfschmerz, Zustände nach cerebralen Insulten, Hemiplegie. Darmspasmen, Hernienbeschwerden.

Tradition: *Empfängt ein Sekundärgefäß des Tsou Yang Ming = Magen-Meridian, daher Verwendung bei Erkrankungen die mit Schwäche einhergehen.*

Di 10: san-li, Sann Li = „Drei Abstände, Entfernungen".
Lokalisation: Auf der lateralen Seite des Unterarmes, 2 Cun distal von Di 11, also vom radialen Ende der Ellbogenquerfalte entfernt (zur besseren Lokalisation den Arm auf die kontralaterale Schulter legen lassen).
Punktur: 5 Fen–1 Cun senkrecht.
Indikationen: locoregional: Armneuralgien, Epicondylitis, Arm- und Schulterschmerzen, Paresen der oberen Extremitäten.
überregional: Colitis, Diarrhoe, Koliken. Migräne, Kopfschmerzen, zentrale Facialisparese, Trigeminusneuralgie. Laryngitis, Angina, Parotitis, Lymphknotenschwellung. Alveolarpyorrhoe, Zahnfleisch-

bluten, Schwellungen im Kinn- und Wangenbereich.
allgemein: Testpunkt für spastische Paresen, gilt im Judo als „Todespunkt".
Bemerkung: Di 10 = san-li des Armes. M 36 = san-li des Beines.

Di 11: ch'üh-ch'ih, Kou Tcheu = „Bogen, Krümmung des Teiches, Teichbucht".
Funktion: Tonisierungspunkt, Ho-Punkt.
Lokalisation: Bei maximal gebeugtem Arm, am äußersten lateralen Ende der Ellbogenquerfalte.
Punktur: 5 Fen—2 Cun senkrecht.
Indikationen: locoregional: „Tennisellbogen", Gelenkschmerzen, Paresen und Paraesthesiae der oberen Extremitäten.
überregional: Schulter- und Rückenschmerzen, Angina, Pharyngitis, Laryngitis, Tubenkatarrh, Zahnschmerzen. Hemiparesen nach cerebralen Insulten, Konvulsionen, Kopfschmerzen, Kummer, traurige Verstimmung. Magen- und Oesophagusspasmen, atonische Obstipation. Harninkontinenz mit Sphinkterparese. Pruritus mit dem Gefühl als ob 1000 Insektenstiche vorhanden wären, Furunkulose, Ekzeme, Abszesse.
allgemein: Fiebersenkend, zusätzlich bei Hypertonikern.

Tradition: *Gegen Hypakusis mit Di 4, G 2, Dü 19, 3 E 21.*

Di 12: chou-chiao, Tchao Liou = „Grube des Ellbogens".
Lokalisation: 2 Cun proximal des Epicondylus lateralis, an der lateralen Seite des unteren Humerusendes, 1 Cun schräg cranio-dorsal von Di 11, am Rande des M. brachio-radialis.
Punktur: 5 Fen—1 Cun senkrecht.
Indikationen: locoregional: Brachialisneuralgien, sowie Schmerzen, die besonders das Heben des Armes nach der Seite erschweren. Pei = Rheuma und dessen Folgen im Ellbogengelenk.

Di 13: wu-li, Wou Li = „5 Distanzen, Entfernungen".
Lokalisation: 3 Cun oberhalb von Di 11 (posteriore Oberarmaußenseite).
Punktur: 5 Fen senkrecht.

Indikationen:	locoregional: Ellbogen- und Armschmerzen vorwiegend rheumatischer Natur, Lymphadenitis der Halsgegend. überregional: Husten, bronchopneumonische Herde, peritonitische Reizzustände, Erbrechen.
Tradition:	*Punkt für den Energiehaushalt:* *a) Tuberkulose, Haemoptysen, Malariahilfspunkt,* *b) rheumatische Schmerzen, Lähmungen der Glieder,* *c) Verdauungsstörungen mit „Fülle" unter dem Herzen, Gelbsucht.* *In allen diesen Fällen stimuliert seine Punktur die Energie der 5 Organe. Di 13 soll aber nicht mehr als 5mal hintereinander punktiert werden.* *In alten Zeiten war die Punktur dieses Punktes verboten, lediglich dessen Moxibustion erlaubt.*
Di 14:	pi-nao, Pi Nao = „Fleisch, Muskel des Armes".
Funktion:	**Reunionspunkt** des Yang Ming des Fußes und der Hand = Magen- und Dickdarmmeridian, sowie dem außergewöhnlichen Gefäß = „Wundermeridian" Yang Oe.
Lokalisation:	An der Außenseite des Oberarmes, etwas distal vom Ansatz des M. deltoideus.
Punktur:	3 Fen senkrecht—1 Cun schräg aufwärts.
Indikationen:	locoregional: Schulter-Armsyndrom, besonders wenn der Arm nicht seitlich gehoben werden kann. überregional: Augenleiden, Sehstörungen, Hemiparesen nach cerebralen Insulten.
Tradition:	*Moxibustion von Di 14 ist wirksamer als die Punktur.*
Di 15:	chien-yü, Tsien Iu = „Schulterknochen".
Funktion:	**Reunionspunkt** mit dem außergewöhnlichen Gefäß = „Wundermeridian" Yang Tsiao Mo = Yang Keo. **Meisterpunkt** für alle **Paresen** der oberen Extremitäten.
Lokalisation:	An der Schultervorderseite, vor und lateral vom Acromio-Cavicirculargelenk, in dem ventralen der beiden Grübchen, die dort beim Heben des Armes entstehen.
Punktur:	3 Fen senkrecht oder bis 1 Cun schräg.
Indikationen:	locoregional: Schulter-Armsyndrom, Omarthritis, Bursitis calcarea (Schulterschmerz der über 50

Jährigen) besonders, wenn der Arm nicht gehoben werden kann und die Bewegung Verschlimmerung des Schmerzes auslöst.
überregional: Cerebrale Insulte, Hemiplegie, Paresen der oberen Extremitäten, Muskelspasmen und Kontrakturen, auch im Nackenbereich. Generalisierte Exantheme, Dermatosen.
Bemerkung: Di 15 gilt als führender Schulterpunkt. Er wird häufig zusammen mit Di 14, Dü 9 und dem zu diesem spiegelbildlich gelegenen Neu-Punkt 74 = H 1–02 verwendet.

Di 16: chü-ku, Ku Kou = „Langer Knochen, Clavicula".
Funktion: Reunionspunkt mit dem außergewöhnlichen Gefäß = „Wundermeridian" Yang Tsiao Mo = Yang Keo. (Von Di 16 fließt die Energie des Meridians zu LG = Tou Mo 13 (14) (unter C 7), um dann wieder zu M 12 zu gelangen und erst dann zu Di 17).
Lokalisation: In der Vertiefung zwischen dem acromialen Ende der Clavicula und dem obersten Anteil der Spina scapulae.
Punktur: 5 Fen–1 Cun senkrecht.
Indikationen: locoregional: Schulter- und Armschmerzen mit Kontrakturen.
überregional: Zahnschmerzen im Oberkiefer, Haemoptysen durch Stauung oder posttraumatisch. Konvulsionen der Kleinkinder.

Di 17: t'ien-ting, Tienn Ting = „Himmlisches Gefäß".
Lokalisation: Am Hinterrand des M. sternocleidomastoideus, 3 Cun lateral der Medianlinie in Höhe der Unterkante des Adamsapfels.
Punktur: 3–5 Fen senkrecht.
Indikationen: locoregional: Anginen, Laryngitis, Aphonie, Oropharynxschmerzen, inspiratorischer Stridor, Schluckbeschwerden.
Bemerkung: Von Di 17 zweigt ein Sekundärgefäß zur Zunge ab. Regionales Lymphsystem!

Di 18: fu-t'u, Fou Ti = „An der Seite der Vorwölbung".
Lokalisation: 3 Cun seitlich des Kehlkopfes, auf einer Horizontalen, durch den oberen Rand des Schildknorpels, lateral von M 9.

Punktur: 3—5 Fen senkrecht.
Indikationen: locoregional: Pharyngitis, „wie das Krächzen eines Hahnes", Tracheobronchitis.
Bemerkung: Von Di 18 zweigt ebenfalls ein Sekundärgefäß zur Zunge ab.

Tradition: *Di 18 gilt als eines der „Himmelsfenster". Diese waren bei Obstruktion der Energie des Sondermeridianpaares Di — Lu zu punktieren.*
Bei Lungenaffektionen zusammen mit dem Himmelsfenster des Lu-Meridianes = Lu 3, sowie mit M 42, um die pathogene Energie nach unten zu ziehen.

Di 19: ho-chiao, Wo Liou = „Grube der Körnchen, des Reises".
Lokalisation: 5 Fen horizontal seitlich des Anfanges der Naso-Labialrinne = 5 Fen seitlich von LG = Tou Mo 26. Unter dem lateralen Rand des Nasenflügels. (Um diesen Punkt zu erreichen, kreuzt der Meridian nach neuer Literatur am Punkt LG 26 die Seiten).
Punktur: 2—5 Fen schräg.
Indikationen: locoregional: Anosmie, Heuschnupfen, akuter und chronischer Schnupfen, Sinusitis, Nasenpolypen, erschwerte Nasenatmung, rezidivierende Epistaxis. Facialisparese, Trigeminusneuralgie. Trismus der Kaumuskulatur.
allgemein: Mit Di 20 Hauptpunkt für die Behandlung aller Nasenerkrankungen.

Di 20: ying-hsiang, Ing Siang = „Empfang der Gerüche, Düfte".
Funktion: **Reunionspunkt** mit dem Magenmeridian. Hauptpunkt zur Behandlung der Nase, wie Di 19.
Lokalisation: 5 Fen seitlich der Mitte des Nasenflügels, am oberen Ende der Nasolabialfalte, in einem Grübchen.
Punktur: 2—5 Fen schräg nach medial.
Indikationen: locoregional: Alle Nasenaffektionen, allergische Rhinitis, Anosmie, erschwerte Nasenatmung, Sinusitis maxillaris, Epistaxis. Sensibilitätsstörungen im Gesichtsbereich, zentrale und periphere Facialisparese, Trigeminusneuralgie des zweiten Astes. Affektionen des Tränenkanals. Zur Anal-

gesie für die oberen Frontzähne und deren Gingiva, zusammen mit Di 4, M 6 sowie eventuell KG 24.

überregional: Asthmoide Bronchitis im Zusammenhang mit einer allergischen Rhinitis. Juckende Hauterkrankungen im Gesicht, allergisches Gesichtsödem. Hilfspunkt zur Nikotinentwöhnung mit Di 4, Lu 7, KG 15, LG 19, H 3 (vorzuziehen ist allerdings hierfür die Ohrakupunktur).

Anmerkung: Von Di 20 führt ein Verbindungsgefäß zum inneren Augenwinkel, wo es Verbindung mit B 1 aufnimmt und dann zum Punkt Tchreng Tsi = ch'eng-ch'i, weiterzieht und somit die energetische Verbindung des Yang-Ming (Dickdarmmeridian = Yang-Ming der Hand) mit dem Magenmeridian (= Yang-Ming des Fußes) herstellt.

Tradition: Moxibustion von Di 19 und Di 20 verboten.

Meridian des Magens (wei)

Tsou Yang Ming = Helles, glänzendes Yang des Fußes, The leg sunlight Yang Meridian.
Abkürzungen in der Literatur: M = Magen, E = estomac, St = stomach.
Nach internationaler Nomenklatur: Nr. III.
Meridian eines Hohlorganes = Werkstättenorgan = fu, daher YANG.
Energieverlauf zentrifugal. Die Energie kommt vom Dickdarmmeridian und wird an den Milz-Pankreasmeridian weitergeleitet.
Chronobiologie:
Optimalzeit zur Tonisierung 9—11 Uhr.
Sein Zustimmungspunkt = IU = Pei shu ist B 21. Er liegt 1 1/2 Cun seitlich der Dornfortsatzspitze des 12. Brustwirbels.
Sein Alarmpunkt ist KG = Jenn Mo 12. Dieser Punkt liegt auf der ventralen Medianlinie, genau in der Mitte der Strecke Nabel—Xyphoid.
Der äußere Verlauf des Meridians ist durch 45 Punkte gekennzeichnet (Abb. 3).

Verlauf: Der Verlauf des Magenmeridians im Gesichtsbereich (Punkt 1 bis Punkt 8) wird verschieden beschrieben. Die chinesischen Namen der Punkte, deren Lokalisation und natürlich ihre Indikationen, sind bei allen Autoren gleich, lediglich die Reihenfolge der Numerierung ist unterschiedlich.
Nach neuer chinesischer Literatur beginnt der Meridian in der Mitte des unteren knöchernen Orbitalrandes (Übernahme der Energie vom Endpunkt des Dickdarmmeridians = Di 20) verläuft nun nach unten über M 2, M 3 zu M 4 (4 Fen lateral der Mundwinkel), von dort zum vordersten Ansatz des M. masseter an der Mandibula zu M 5. M 6 liegt dahinter, über dem M. masseter, vor dem

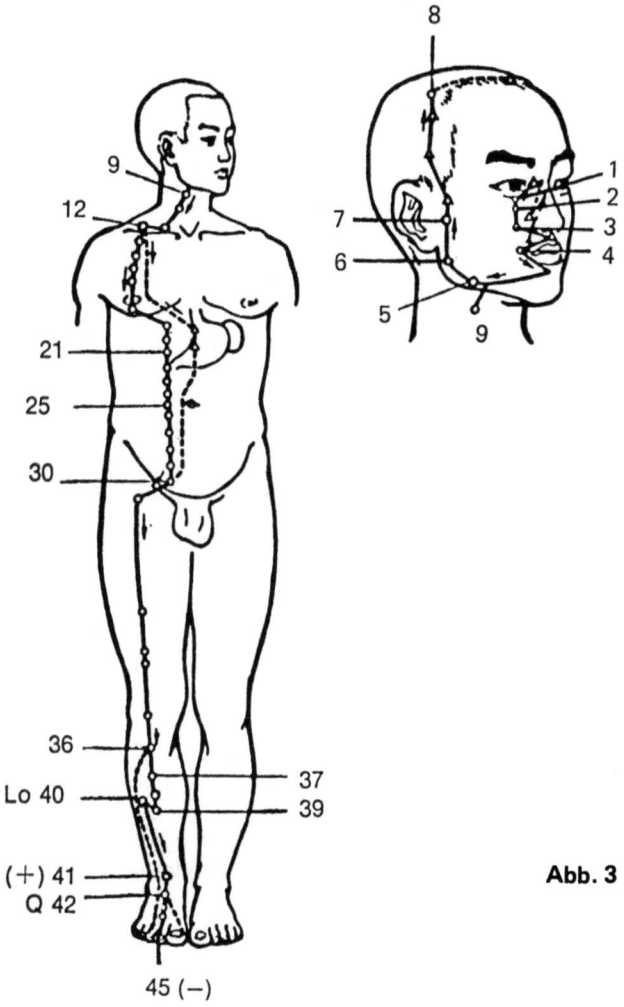

Abb. 3

Meridian des Magens

Tonisierungspunkt	= M 41	Zustimmungspunkt	= B 21
Sedativpunkt	= M 45	Alarmpunkt	= KG 12
Quellpunkt	= M 42	HO-Funktion für den	
Durchgangspunkt (Lo)	= M 40	Dickdarm	= M 37
	zu MP 3	HO-Funktion für den	
		Dünndarm	= M 39

Mandibulawinkel. M 7 in der Vertiefung zwischen der Unterkante des Os zygomaticum und dem Mandibulargelenk und M 8 schließlich am oberen Rand der Schläfengrube am Stirn-Schläfenwinkel, 4 1/2 Cun lateral von KG 24.
Ab der fossa supraclavicularis folgt er der Mamillarlinie über den Thorax nach abwärts, (M 17 liegt im Zentrum der Brustwarze) und nähert sich dann an der Grenze zwischen Thorax und Abdomen der Medianlinie bis auf 2 Cun, um in dieser Entfernung parallel zu dem median von ihm verlaufenden Nierenmeridian die Symphyse zu erreichen (M 30).
Von hier verläuft er über die Vorderseite des Oberschenkels, dann lateral an der Patella vorbei (M 35) neben dem lateralen Tibiarand bis zum Fußrücken (M 41) und endet am lateralen Nagelfalzwinkel der 2. Zehe.

Tradition: *Der Magen hat im Gesamtorganismus die Rolle eines Zwischenspeichers inne, von dem aus die energetischen Substanzen der Nahrung nach bestimmten Richtlinien verteilt werden.*
Als Komplement des Milz-Pankreassystems, hat er eine ähnliche zentrale, vermittelnde Funktion. Er bildet das Ausgleichsreservoir der allen Organen aus der Nahrung zufließenden Energie. Die Verwendung des Meridians bei Verdauungsstörungen mit allen ihren energetischen Konsequenzen, sowie zum psychischen Ausgleich ergibt sich aus dieser Charakteristik.

M 1: ch'eng-ch'i, Tschreng Tsri = ,,Tränensammler, Gefäß für die Tränen".

Funktion: **Reunionspunkt** mit dem KG = Konzeptionsgefäß = Jenn Mo und dem außergewöhnlichen Gefäß = ,,Wundermeridian" Yang Tsiao Mo = Yang Keo.

Lokalisation: Beim Blick geradeaus, senkrecht unter der Pupille am unteren Orbitalrand.

Punktur: 1—2 Fen senkrecht oder mit dem Zeigefinger der Hilfshand durch Druck nach oben den Bulbus fixieren und nun die Nadel entlang der knöchernen Orbitalwand in Richtung retrobulär 5 Fen—1 1/2 Cun tief einführen. Größte Vorsicht bei der Punktur!

Indikationen: Der Punkt wird im Westen wegen seiner Lage sehr selten bei Trigeminusneuralgie und Facialisparese, sowie bei Augenschmerzen und Tränenfluß verwendet.
Tradition: *Moxibustion verboten!*

M2: szu-pai, Seu Po = „Vierfache Helle".
Lokalisation: In dem Grübchen, das dem Foramen infraorbitale entspricht.
Punktur: 3–5 Fen senkrecht oder schräg nach unten.
Indikationen: locoregional: Conjunktivitis, Tränenkanalentzündung, Chalazion, Hordeolum, Facialisparese, Trigeminusneuralgie. Nebenhöhlenaffektionen, Parotitis. Gesichtsakne, örtliche Entzündungen.

M3: chü-chiao, Tchu Liou = „Tiefe weite Grube".
Funktion: **Reunionspunkt** mit dem außergewöhnlichen Gefäß = „Wundermeridian" Yang Tsiao Mo = Yang Keo.
Lokalisation: Auf einer Vertikalen durch die Pupillenmitte, (beim Blick geradeaus) in Höhe des Nasenflügelunterrandes.
Punktur: 3–5 Fen schräg. Tiefe Punktur nicht angezeigt!
Indikationen: locoregional: Facialisparese, Trigeminusneuralgie. Conjunktivitis, Rhinitis, Sinusitis, Epistaxis, Entzündungen und Abszesse der Nase, Zahnschmerzen, Paradentose, Affektionen der Mundschleimhaut als Begleiterscheinung von Magen- und Darmleiden, Furunkel, Abszesse des Gesichtes, Cheilitis.

M4: ti-ts'ang, Ti Tchang = „Vorratskammer des Ackers".
Lokalisation: 1 Querfinger (0,4 Cun) neben dem Mundwinkel.
Punktur: 2–5 Fen schräg oder bis M 3 durchstechen.
Indikationen: locoregional: Unterlidschmerzen, Tränenfluß, Lidspasmen, Störungen des Lidschlusses. Facialisparese, Trigeminusneuralgie, Tic, Stottern. Zahnschmerzen, Trismus, Wangenschwellung.
Tradition: *Spezialpunkt gegen Facialisparese, besonders wenn Flüssigkeiten wieder aus dem Munde rinnen.*

M 5: ta-ying, Ta Ying = „Großartiger Empfang".
Lokalisation: Am Oberrand der Mandibula, knapp (5 Fen) vor dem M 3 am vorderen Masseterrand in einer Vertiefung, wo die A. facialis getastet werden kann.
Punktur: 2 Fen senkrecht—1 Cun schräg. (Cave arteriam!)
Indikationen: locoregional: Facialisparese, Augenschmerzen, weil kein Lidschluß möglich ist, Trigeminusneuralgie, Tic, Stottern. Zahnschmerzen des Unterkiefers mit Wangenschwellung, Kieferklemme. Drüsenschwellung am Kieferwinkel, Parotitis.
Bemerkung: Analgesiepunkt für den Unterkiefer zusammen mit Di 4 und KG 24. Schon PIENN CHO empfahl, diesen Punkt bei obigen Indikationen nicht zu vergessen.

M 6: chia-ch'e, Che Tche = „Kieferknochen, Wangenregion".
Lokalisation: Am Unterkieferwinkel, am Ansatz des Masseters an der oberen Mandibulakante (Mund öffnen lassen).
Punktur: 3 Fen senkrecht—1 Cun schräg, in Richtung zu M 7.
Indikationen: locoregional: Zentrale und periphere Facialisparese, Trigeminusneuralgie, Tic, Störungen der mimischen und Sprechmuskulatur, Stottern. Alle Zahnschmerzen und Schwellungen im Unterkieferbereich, Trismus, mit Di 4, G 41. Laryngitis, Parotisaffektionen, Speicheldrüsensteine und Entzündungen. Perorale und circumorale Hautveränderungen, Effloreszenzen.

M 7: hsia-kuan, Sia Koann = „Untere Barriere, Grenze".
Lokalisation: In einem Grübchen vor dem Condylus mandibulae, unterhalb des Arcus zygomaticus, in der Mitte des Masseteransatzes am Jochbein, tastbar bei geschlossenem Mund.

Punktur:	3–5 Fen senkrecht.
Indikationen:	locoregional: Trigeminusneuralgie, Facialisparese, Tic, unterstützend bei Schläfenkopfschmerz. Zahnschmerzen, Gingivitis, Arthritis des Mandibulargelenkes, Alveolarpyorrhoe. Tinnitus, Hypakusis, Otalgie.
Tradition:	*Moxibustion verboten!*

M 8:	t'ou-wei, Treou Oe = „Kopfverbindung".
Funktion:	**Reunionspunkt** mit dem Gallenblasenmeridian.
Lokalisation:	Am oberen Rand der Schläfengrube, 4 Querfinger = 3 Cun oberhalb, und 1 Querfinger hinter dem Orbital-Jochbeinwinkel, am Winkel des Schläfen-Stirnhaaransatzes.
Punktur:	2 Fen–1 Cun schräg, Nadel nach abwärts oder aufwärts gerichtet.
Indikationen:	locoregional: Heftige Kopfschmerzen – als ob ein Hammer auf den Kopf schlüge, cerebrale Kongestion, Trigeminusneuralgien des I. Astes, Hemicranie, Facialisparese, Sensibilitätsstörungen im Gesichtsbereich. Augenschmerzen, ständiger Tränenfluß bei Wind.
Tradition:	*Moxibustion verboten.*

M 9:	jen-ying, Ran Ying = „Freundlicher Empfang". Der Punkt wird auch Wou Roe = „5 Reunionen" genannt.
Lokalisation:	Am Vorderrand des M. sternocleidomastoideus, seitlich des Oberrandes des Adamsapfels (Kopf nach hinten beugen lassen).
Punktur:	3 Fen–1 1/2 Cun senkrecht. (Cave arteriam!)
Indikationen:	Der Punkt hatte und hat mehr diagnostische Bedeutung. Er wird manchmal bei Hypertonie, Dysphagie, Asthma bronchiale, Stottern verwendet.
Tradition:	*In der Tradition wurde an diesem Punkt der Zustand des Yang examiniert, ebenso wie an der A. radialis. Es wurde also die Pulsation der A. carotis externa in eine diagnostische Relation zu anderen Pulstaststellen z.B. A. radialis, A. femoralis, A. dorsalis pedis gebracht. Moxibustion verboten!*

M 10: shui-t'u, Choe Trou = „Hervorsprudelndes Wasser".
Lokalisation: Am Vorderrand des M. sternocleidomastoideus, seitlich der Mitte des Schildknorpels. Mitte der Strecke M 9—M 11.
Punktur: 2 Fen—1 Cun schräg, leicht nach innen aufwärts.
Indikationen: locoregional: Stimmermüdung, Heiserkeit sowie Angina, Tonsillarabszesse.
überregional: Husten, asthmoide Bronchitis, die am Schlafen hindert.
allgemein: Spezialpunkt für Redner und Sänger.

M 11: ch'i-she, Tsri Se = „Logis der Energie".
Lokalisation: Am Oberrand des medialen Anteiles der Clavikula in einer Vertiefung zwischen dem sternalen und clavikularen Ansatz des M. sternocleidomastoideus 1 1/2 Cun lateral von der Medianlinie in Höhe von KG 22.
Punktur: 3—5 Fen senkrecht.
Indikationen: locoregional: Arthritis des Sternoclaviculargelenkes, chronisch rezidivierende Angina, anguläre Lymphknotenschwellungen.
überregional: Husten mit Oppressionsgefühl, Asthma, Nackensteifigkeit.

M 12: ch'üeh-pen, Tsiue Prenn = „Höhlung des Mangels, der Entbehrung".
Lokalisation: Am Oberrand der Clavicula, zwischen den Ansätzen des M. sternocleidomastoideus, 4 Cun seitlich der ventralen Medianlinie = KG = Jenn Mo.
Punktur: 1—5 Fen senkrecht, vorsichtig stechen!
Indikationen: locoregional: Wirkung auf die Thyreodea. Angina, Pharyngitis, Dysphagie.
überregional: Atembeschwerden, Beklemmungsgefühl, Asthma bronchiale, Pleuraaffektionen. Aufstoßen, Sodbrennen, Übelkeit, bei Unverträglichkeitserscheinungen nach Weingenuß, Magenkrämpfe. Generelle Ödemneigung.
allgemein: Diagnostisch wichtiger Magenpunkt.

Tradition: *Knotenpunkt im Energiekreislauf des Meridians. Von ihm geht der innere Ast zum Hohlorgan Magen (Virchowsche Drüse!) sowie zum Organsystem Milz-Pankreas, um am Punkt M 30 sich wieder mit dem äußeren Verlauf zu vereinigen.*

M 13: ch'i-hu, Tsri Fou = „Eintritt der Atemenergie, des Chi".
Lokalisation: Am unteren Rand der Clavicula, unter M 12, 4 Cun seitlich der ventralen Medianlinie in Höhe von KG = Jenn Mo 21.
Punktur: 2—8 Fen schräg.
Indikationen: Wie M 12, dazu Appetitlosigkeit, Singultus.

M 14: k'u-fang, Krou Fang = „Vorratskammer".
Lokalisation: Im 1. ICR auf der Mamillarlinie, in Höhe von KG 20.
Punktur: 3—8 Fen schräg.
Indikationen: locoregional: Bronchitis, Husten mit Atembeschwerden, Beklemmungsgefühl und schleimigeitrigem Sputum, Brust und Rippenschmerzen, Herzangst.

M 15: wu-yi, Ou I = „Schirmwand, Brustwehr des Hauses".
Lokalisation: Im 2. ICR, auf der Mamillarlinie = 4 Cun seitlich von KG 19, am oberen Rand der 3. Rippe.
Punktur: 4—8 Fen schräg.
Indikationen: locoregional: Mastopathien, regionale Thoraxschmerzen.
überregional: Bronchitis, asthmoide Atembeschwerden.
Tradition: *Bei „Leere" der Milzenergie und gleichzeitiger „Fülle" der Leberenergie.*

M 16: ying-ch'uang, Ying Tchang = „Fenster der Brust".
Lokalisation: Im 3. ICR auf der Mamillarlinie = 4 Cun lateral von KG 18.
Punktur: 3—8 Fen schräg.
Indikationen: locoregional: regionale Rippenschmerzen, Mastopathien.
überregional: Hyperperistaltik, Durchfälle. Bronchitis, Asthma bronchiale.
allgemein: Hilfspunkt bei Schlafstörungen, Angstgefühl.

M 17: ju-chung, Jou Tchong = „Mitte, Zentrum der mamma".
Lokalisation: Im Zentrum der Brustwarzen.
Punktur: Verboten, Moxibustion erlaubt, jedoch mit großer Vorsicht.
Indikationen: locoregional: Alle Affektionen der Brustwarzen.
Bemerkung: Wird meist nur als Orientierungshilfspunkt verwendet.

M 18: ju-ken, Jou Kenn = „Umgrenzung der Brustwarze".
Lokalisaton: Senkrecht unter der Brustwarze im 5. ICR, in Höhe von KG 16.
Punktur: 3 Fen–1 Cun schräg.
Indikationen: locoregional: Milchmangel, Stillschwierigkeiten, Mastitis.
überregional: Husten mit Atembeschwerden – zusammen mit N 27.

M 19: pu-jung, Pou Jong = „Keine Ausdehnung, Fassungsvermögen".
Lokalisation: 2 Cun seitlich der Medianlinie, an der Verbindungsstelle des knorpeligen Anteiles der 7. und 8. Rippe in Höhe von KG 14. (Hier verläßt der Meridian die Mamillarlinie und verläuft nun 2 Cun lateral der Medianen über das Abdomen.)
Punktur: 5–8 Fen senkrecht.
Indikationen: locoregional: Gastrectasie, Völlegefühl, Brechreiz, Durchfälle, Intercostalneuralgie.
überregional: Herzschmerzen, in die Schulterregion ausstrahlend.

M 20: ch'eng-man, Sing Mann = „Aufnahme, Umfassen der Fülle".
Lokalisation: 2 Cun seitlich der Medianlinie in Höhe von KG 13 = 5 Cun oberhalb des Nabels.
Punktur: 3–8 Fen senkrecht.
Indikationen: locoregional: Schmerzen in der Magenregion, bedingt durch akute oder chronische Gastritis, Hiatushernien, Cardiospasmus.
überregional: Hyperperistaltik, Hypersalivation.

M 21: liang-men, Leang Menn = „Tor der Umfriedung des Vaterhauses" (Cardia).
Lokalisation: 2 Cun seitlich der ventralen Medianlinie, in einer Höhe mit KG 12, also 4 Cun oberhalb der Nabelhöhe.
Punktur: 3 Fen–1 Cun senkrecht.
Indikationen: locoregional: Gastralgien, Ulcuskrankheit, spastische Colitis, Appetitmangel, Dyspepsie, Dyskinese der Gallenblase, bei allen Verdauungsstörungen.
allgemein: Vegetative Dystonie, depressive Stimmung, Schlaflosigkeit.

M 22: kuan-men, Koänn Menn = „Geschlossene Pforte".
Lokalisation: 2 Cun lateral der Medianlinie in Höhe von KG 11 = 3 Cun oberhalb des Nabels.
Punktur: 8 Fen—1 Cun senkrecht.
Indikationen: locoregional: Abdominalschmerzen, Meteorismus, Hyperperistaltik, Appetitlosigkeit, Durchfälle.
überregional: Harninkontinenz, psychische Erkrankungen.

M 23: t'ai-i, Tae I = „Höchste, größte Einheit".
Lokalisation: 2 Cun seitlich der ventralen Medianlinie, in Höhe von KG = Jenn Mo 10 und N 17, also 2 Cun über Nabelhöhe.
Punktur: 3 Fen—1 Cun senkrecht.
Indikationen: Siehe M 21.

M 24: hua-juo-men, Wae Tou Menn = „Pforte der glatten Muskeln".
Lokalisation: 2 Cun seitlich und 1 Cun oberhalb des Nabels, in Höhe von KG 9.
Punktur: 8 Fen—1 Cun senkrecht.
Indikationen: locoregional: Magenschmerzen, Erbrechen.
überregional: psychische Störungen. Unterstützend bei Obstipation.
Tradition: *Soll auf den Dünndarm wirken, bei akuten und chronischen Entzündungen. Punkt der Purgation.*

M 25: t'ien-shu, Tienn Tchrou = „Himmlisches Scharnier". Der Punkt wird auch Kou Menn = „Tor der Nahrung" genannt.
Funktion: Alarm- = Heroldspunkt = Mo = mu des **Dickdarmmeridians**.
Lokalisation: 2 Cun seitlich der ventralen Medianlinie in Nabelhöhe. (Wir finden in derselben Höhe von medial nach lateral KG = Jenn Mo 8, N 16, M 25).
Punktur: 3 Fen—1 Cun senkrecht.
Indikationen: locoregional: Übelkeit, akute und chronische Gastritis und Enteritis, Magenschmerzen, Erbrechen, Meteorismus, Obstipation oder Durchfälle durch Fermententgleisung, Darmspasmen, Ascites, Intestinalparasiten.
überregional: Zirkulatorisch bedingte Regelstörungen, Hypermenorrhoe.

	allgemein: Alle chronischen Erkrankungen des Magen- und Darmtraktes, degenerative Erkrankungen.
Tradition:	*Mündungspunkt der Äste des Tchong Mo. In Höhe von M 25 findet die Trennung der Nahrung in flüssige und feste Bestandteile statt.*

M 26:	wai-ling, Oae Ling = „Äußerer Hügel".
Lokalisation:	1 Cun unterhalb des Nabels und 2 Cun seitlich der Medianlinie in Höhe von KG 7.
Punktur:	3 Fen—1 Cun senkrecht.
Indikationen:	locoregional: Schmerzen im Abdomen, Dysmenorrhoe.
Tradition:	*Soll den Dickdarm regieren. Besonders bei Spasmen angezeigt, wenn M 23, 25 nicht ansprechen.*

M 27:	ta-chü, Ta Ku = „Der Große, Mächtige".
Lokalisation:	2 Cun unter M 25 und 2 Cun seitlich der ventralen Medianlinie, in einer Höhe mit KG 5 und N 14.
Punktur:	3 Fen—1 Cun senkrecht.
Indikationen:	locoregional: Bauchschmerzen, Darmspasmen, Diarrhoe, Hernienbeschwerden. Cystitis, Miktionsbeschwerden, Dysmenorrhoe. allgemein: Schlaflosigkeit infolge Angstgefühles.

M 28:	shui-tao, Choe Tao = „Lauf, Weg der Flüssigkeiten".
Lokalisation:	3 Cun unter dem Nabel und 2 Cun lateral der Medianlinie, in Höhe von KG 4.
Punktur:	3 Fen—1 Cun senkrecht.
Indikationen:	locoregional: Cystitis, Miktionsbeschwerden, Orchitis, Gastritis, Obstipation. Schmerzen im Unterbauch, zur Vagina ausstrahlend. überregional: Ödemneigung.
Tradition:	*Regiert die Harnblase, daher bei Blasenbeschwerden mit KG 3.*

M 29:	kuai-lai, Koe Lae = „Rückkehr, Wiederkehr".
Lokalisation:	4 Cun unter der Nabelhöhe = M 25 und 2 Cun seitlich der ventralen Medianlinie, in derselben Höhe wie KG 3 und N 12.

Punktur: 3 Fen—1 Cun senkrecht.
Indikationen: locoregional: Meteorismus, Obstipation, alle Arten von Hernien. Orchitis, Penis- und Skrotalschmerzen, Kryptorchismus, Oophoritis, Adnexitis, Parametritis, Menstruationsstörungen, Sterilität, bedingt durch Uterusschwäche.
Tradition: *Ein Spezialpunkt für die Genitalien.*

M 30: ch'i-ch'ung, Tsri Tchrong = „Ansturm der Energie, (des chi)". Der Punkt wird auch Trsi Kae = „Straße der Energie" genannt.
Funktion: M 30 gilt als Vereinigungspunkt des tiefen Verlaufes des Meridians mit dem oberflächlichen (siehe M 12). Außerdem ist M 30 ein wichtiger Punkt des außergewöhnlichen Gefäßes = „Wundermeridian" Tchrong Mo = chung mo.
Lokalisation: Am oberen Schambeinrand, 2 Cun seitlich der ventralen Medianlinie, in derselben Höhe wie KG 2 und N 11.
Punktur: 3 Fen—1 Cun senkrecht.
Indikationen: locoregional: Erkrankungen des männlichen Genitales wie: Schmerzen im Penis und Skrotum, Erektionsschwäche, Impotenz, männliche Sterilität. weiblich: Dysmenorrhoe, Frigidität, Adnexitis, sowie Schmerzen während des Partus, Placentaretention.
überregional: Appetitlosigkeit, Aufstoßen, starker Meteorismus, der den Kranken zwingt, Seitenlage einzunehmen, Roemheld-Syndrom, in die Flanken ausstrahlende Schmerzen, nächtliche Kreuzschmerzen bei Schwangeren.
Tradition: *Wie M 29 ein Spezialpunkt für die Genitalien und die Sexualfunktion.*

M 31: pi-kuan, Pi Koann = „Hüftgrenze".
Lokalisation: Auf einer durch die Spina iliaca anterior superior gelegten senkrechten Linie in einer Vertiefung, lateral des M. sartorius = 13 Cun oberhalb der Kniegelenksfalte = 6 Cun senkrecht über M 32 = 4 Cun unter der Leistenbeuge. (Oberschenkel beugen lassen).
Punktur: 6 Fen—2 Cun senkrecht.

Indikationen: locoregional: Spasmen und Kontrakturen der Muskulatur der unteren Extremitäten, Sensibilitätsstörungen in diesem Bereich, Lymphadenitis inguinalis.
überregional: Lumbago, besonders in Höhe von L 3.

M 32: fu-t'u, Fou Tou = „Kauernder Hase, Vorwölbung".
Funktion: Reunionspunkt für Arterien und Venen.
Lokalisation: 6 Cun oberhalb des lateralen Anteiles des Patellaoberrandes, auf der höchsten Erhebung der angespannten Oberschenkelmuskulatur. (Daher der Name).
Punktur: 5 Fen—2 Cun senkrecht.
Indikationen: locoregional: Abszesse am Oberschenkel, Gonarthritis, muskuläre Atrophie, Durchblutungsstörungen der unteren Extremitäten.
überregional: Affektionen der inneren und äußeren Genitalien. Urticaria. Benommener Kopf.
allgemein: Rheumatismus, auch spezifische rheumatoide Beschwerden.

M 33: yin-shih, Inn Seu = „Marktplatz, Umschlagplatz des Yin".
Lokalisation: 3 Cun oberhalb des lateralen Anteiles des Patellaoberrandes. Beim knieenden Patienten in einer deutlichen Vertiefung.
Punktur: 6 Fen—2 Cun senkrecht.
Indikationen: locoregional: zusammen mit G 31: Kontrakturen und Schmerzen im Ober- und Unterschenkel, im Kniegelenk, Paresen der unteren Extremitäten.
überregional: Abdominalschmerzen, Meteorismus, Ascites, Pankreasaffektionen, Hilfspunkt bei Diabetes mellitus.

M 34: liang-ch'iu, Leang Iao = „Gipfel des Hügels".
Lokalisation: 2 Cun oberhalb des lateralen oberen Patellarandes, in einer Vertiefung.
Punktur: 3 Fen—1 Cun senkrecht.
Indikationen: locoregional: Schmerzen im Kniegelenk, Sensibilitätsstörungen, der Patient kann sich nicht niederknien. Ständiges Kältegefühl in den Beinen.
überregional: Magenschmerzen, Durchfälle, Mastitis.
allgemein: Angstgefühl ohne Grund.

M 35: tu-pi, Tou Pi = „Kalbsnüstern".
Lokalisation: Bei gebeugtem Knie in einer Mulde, lateral vom Ligamentum patellae. (Der Name bezieht sich darauf, daß sich an der inneren spiegelbildlichen Mulde ein Punkt außerhalb der Meridiane M 35—02 = „Inneres Knieauge" P.a.M. 145, befindet).
Punktur: 3 Fen—1 Cun, etwas schräg nach medial.
Indikationen: locoregional: Kniegelenksschmerzen, Hydarthrose, Sensibilitätsstörungen, Neuralgien, Schwellungen im Knie- und Unterschenkelbereich.
Bemerkung: BACHMANN beschreibt eine lokale Punktekombination gegen alle Kniegelenkserkrankungen, die etwas modifiziert, häufig Anwendung findet, wie folgt: Eine Nadel in die Mitte der Patella senkrecht, eine weitere in den P.a.M. 156 = M 35—03 (1 Cun über der Mitte des Oberrandes der Patella in einer Vertiefung, bei gebeugtem Knie) sowie je eine Nadel in M 35 und M 35—02 = P.a.M. 145.

M 36: san-li (tsu-san-li), Sann Li = „3 Entfernungen".
vgl.: Di 10 = shou-san-li = san-li des Armes. M 36 = tsu-san-li = san-li des Beines.
Beinamen: „Asiatische Ruhe", „Göttlicher Gleichmut", „Drei Dörfer", „Großer Heiler der Füße und Knie".
Lokalisation: a) 3 Cun unter der Unterkante der Patella, distal vom „äußeren Knieauge" = M 35, zwischen dem M. tibialis anterior und dem M. flexor digitorum communis.
b) 2 Querfinger unterhalb des Fibulaköpfchens und 1 Querfinger lateral der Tibiakante.
c) Der Patient legt seine rechte Hand auf sein rechtes Kniegelenk, so, daß die Palma manus über der Patella liegt, der Mittelfinger auf der Tibiakante, so erreicht nun die Spitze seines maximal nach lateral und unten gestreckten Zeigefingers den Punkt M 36.
Punktur: 1/2—1 1/2 Cun in Meridianrichtung.
Indikationen: locoregional: Rheumatische und arthritische Schmerzen im Knie- und Hüftbereich, Schwäche

der unteren Extremitäten, muskuläre Atonie und Atrophie, auch posttraumatisch.

überregional: Appetitlosigkeit, Störungen der Magenverdauung, Gastralgien, Ulcuskrankheit, Magenneurose, Pylorospasmus, Erbrechen, saurer oder bitterer Mundgeschmack, Durchfälle, Obstipation, Magen- und Darmkrämpfe, Ascites. Miktionsstörungen, Harninkontinenz. Herzschmerz mit Angstgefühl, Hypertonie, Arteriosklerose und deren Folgezustände. Mastitis, Brustabszesse. Unterstützend bei allen Hauterkrankungen, bei Enuresis, meningealen Reizzuständen und bei fieberhaften Erkrankungen.

allgemein: Seelische Erschöpfung, Kummer, Sorgen, daraus resultierende Schlaflosigkeit, Minderwertigkeitsgefühle, Schüchternheit, Unzufriedenheit, nervöse Reizbarkeit, allgemeiner Energiemangel, „man kann sich zu nichts aufraffen", Lampenfieber, Kopfschmerzen, Schwindel, Geisteskrankheiten.

Bemerkung: Einer der Punkte der klassischen Körperakupunktur mit sehr weitgestreuter Symptomatik. Ho-Punkt des Magenmeridians, über den eine energetische Beeinflussung aller Meridiane möglich ist.

Tradition: *Er gilt als „Mitte" mit ausgleichender Funktion innerhalb seiner Stellung im System der Wandlungsphasen.*

M 37–1 Lan Wei = Lan Vee, „Appendix".
= P.a.M. 142:
Funktion: Zur **Diagnostik** der Appendicopathien.
Lokalisation: Auf dem Magenmeridian, 2 Cun unter M 36, etwas näher zu M 37.
Punktur: 1–2 Cun senkrecht.
Indikationen: locoregional: Paralyse der unteren Extremitäten.
überregional: Der Punkt wird in China zur Therapie der Appendicopathie unter Voraussetzung ständiger Op.-Bereitschaft eingesetzt. In Europa hat er mehr diagnostische Bedeutung aufgrund seiner Druckempfindlichkeit rechts bei Appendicopathien.

M 37: chü-shü-shang-lien, Ku Sing Chang Lien = „Überfülle der oberen Region".
Lokalisation: 3 Cun unter M 36, auf einer Vertikalen, parallel zur Tibiakante.
Punktur: 1/2—1 1/2 Cun senkrecht.
Indikationen: locoregional: Rheumatische Beschwerden im Knie- und Sprunggelenk, ödematöse Schwellungen oder entzündliche Schwellungen.
überregional: Verdauungsstörungen, chronische Durchfälle, Bauchschmerzen. Hemiplegie, meniereformer Schwindel, Seekrankheit.
Tradition: *Ho-Funktion, d.h. direkter Einfluß auf das Hohlorgan Dickdarm. (Daher die Wirkung des M 37—1 bei Appendicitis erklärlich).*

M 38: t'iao-k'ou, Tiou Hao = „Masche, Öffnung des Netzes".
Lokalisation: 5 Cun caudal von M 36 = 2 Cun caudal von M 37, knapp neben der lateralen Tibiakante.
Punktur: 5 Fen—1 Cun senkrecht.
Indikationen: locoregional: Schmerzen im Kniegelenk, Muskelspasmen, Sensibilitätsstörungen, „heiße Füße", Schwellungen der Sprung- und Fußgelenke.
allgemein: Rheumatische Schmerzen, durch Feuchtigkeit ausgelöst.

M 39: chü-hsü-hsia-lien, Ku Shu Ka Lien = „Große Leere der unteren Region".
Lokalisation: 3 Cun unter M 37, lateral der Tibiakante. Dies entspricht dem Mittelpunkt der Strecke Tuberositas tibiae — Sprunggelenksfurche.
Punktur: 1/2—1 Cun senkrecht.
Indikationen: locoregional: Rheumatische Beschwerden in den Beinen, dabei Muskelschwäche, Hilfspunkt bei Paresen der unteren Extremitäten.
überregional: Enteritis, Colitis, Dyspepsie, ständig rissige ausgetrocknete Lippen, rauhe Haut, sprödes Körperhaar, Schweißmangel.
Tradition: *Ho-Funktion, d.h. direkter Einfluß auf das Hohlorgan Dünndarm.*

M 40:	feng-lung, Fong Long = „Überfülle, Prosperität".
Funktion:	**Durchgangs-** = Passagepunkt = Lo = luo des Meridians. Über ihn Verbindung zum Quellpunkt seines gekoppelten Yin-Partners, zum Punkt MP 3 (Energieausgleich).
Lokalisation:	Am Vorderrand der Fibula = 2 Cun lateral des Vorderrandes der Tibia, in der Mitte der Strecke zwischen Malleolus externus und M 35 am Rande des M. peronaeus.
Punktur:	1/2—1 Cun schräg, etwas nach medial.
Indikationen:	locoregional: Schmerzen und Krämpfe der Unterschenkel. überregional: Unruhe, Schlaflosigkeit, depressive Stimmung, starke Kopfschmerzen, Schwindel. Cervikalsyndrom, Halsschmerzen, Heiserkeit, Dysphagie, Glottiskrampf. Schweres Asthma, das den Schlaf behindert, zur **Unterstützung der Expektoration** bei reichlichem Sputum. Magenkrämpfe, Singultus, in- und exkretorische Pankreasinsuffizienz, Hepatopathie, Obstipation. Miktionsbeschwerden.

M 41:	chieh-hsi, Tsie Tsri = „Tibiamulde".
Funktion:	**Tonisierungspunkt** des Magenmeridians.
Lokalisation:	In der Mitte der Fußwurzel = vordere Sprunggelenksquerfalte, am unteren Tibiarand, in einer deutlich tastbaren Vertiefung, zwischen den Sehnen des M. extensor hallucis longus und des M. extensor digitorum longus.
Punktur:	5 Fen—1 Cun senkrecht.
Indikationen:	locoregional: Schmerzen im Fuß- und Sprunggelenk, Arthralgien in diesem Bereich, Schweißfüße, Schwellung und Rötung des Dorsum pedis. überregional: Atonie und Hyposekretion des Magens, Tympanie, atonische Obstipation, Aerophagie. Konjunktivitis, Augenflimmern, starker Tränenfluß. Unruhe, Depressionen, Kopfschmerzen mit Schwindel, Konvulsionen. Palpitationen mit Angstgefühl.

M 42: ch'ung-yang, Tchrong lang = „Hitziges, kochendes Yang".
Funktion: Quellpunkt = steht in Verbindung zum Durchgangs- = Passagepunkt = Lo = luo seines gekoppelten Yin-Partners, dem Punkt MP 4.
Lokalisation: Am höchsten Punkt des Fußrückens, knapp neben der A. dorsalis pedis, über dem Gelenk des Os naviculare mit dem Os cuneiforme 2 und 3.
Punktur: 3—5 Fen senkrecht. (Cave arteriam!)
Indikationen: locoregional: Schmerzen am Fußrücken, Paresen der unteren Extremitäten.
überregional: Hyper- oder Hyposekretion, Hyper- oder Hypoacidität, Appetitlosigkeit, Magenkrämpfe, Meteorismus, Erbrechen, Sodbrennen, chronische Obstipation. Zahnfleischentzündung, Zahnschmerzen. Hemiplegie, zentrale Facialisparese, Sensibilitätsstörungen im Gesichtsbereich, nervöse Übererregbarkeit, Unruhezustände.

M 43: hsien-ku, Hang Kou = „Talsohle".
Lokalisation: In einer tastbaren Vertiefung am Zusammentreffen von Metatarsale II und III = 2 Cun oberhalb von M 44.
Punktur: 3 Fen—1 Cun senkrecht.
Indikationen: locoregional: Schwellungen und Schmerzen im Fußbereich, Knöchelödeme.
überregional: Bauchschmerzen, Meteorismus, Hyperperistaltik. Gesichtsödeme, Ödemneigung.

M 44: nei-t'ing, Nei Ting = „Inneres der Wohnung, Vestibulum".
Lokalisation: 5 Fen oberhalb der Interdigitalfalte, zwischen den Grundgelenken der 2. und 3. Zehe, näher jenem der 2. Zehe.
Punktur: 3 Fen—1 Cun senkrecht oder schräg.
Indikationen: locoregional: Kontrakturen und Spasmen der Beine, eiskalte Füße.
überregional: Gastritis, Dyspepsie, Dysenterie, Meteorismus, Haemorrhoiden. Dysmenorrhoe. Zahnschmerzen im Oberkiefer besonders der Schneidezähne. Gingivitis. Tonsillitis, Pharyngitis, Epistaxis. Kopfschmerzen, Gähnzwang, Trigeminusneuralgie, Facialisparese.

allgemein: Albträume, besonders der Kinder, nächtliche Unruhe und Weinen der Kinder, häufig mit KS 9.
Bemerkung: Einer der Analgesiepunkte für den Bauchraum.

M 45: li-tui, Li Toe = „Grausame Bezahlung".
Funktion: **Sedativpunkt** des Meridians, Anfangspunkt des TMM des Magens.
Lokalisation: 1 Fen proximal und lateral vom fibularen Nagelfalzwinkel der 2. Zehe.
Punktur: 1–3 Fen senkrecht.
Indikationen: locoregional: Schmerzen vom Fuß bis zur Hüfte, Hydarthrose des Kniegelenkes. (Meridianverlauf des TMM)
überregional: Gastralgie, Sodbrennen, Sedierung der Hyperacidität und Hypersekretion. Ulcuskrankheit, „man ißt viel, hat ständig Hunger und bleibt mager". Hepatopathien, Icterus, Ascites, Abwechselnd Durchfall und Verstopfung. Trockener Mund, Speichelmangel, Zahnschmerzen, Cheilitis. Tonsillitis, Nasenaffektionen, Epistaxis. Angstzustände, Kopfschmerzen, Schlafsucht, sexuell uninteressiert, Trigeminusneuralgie, Facialisparese, Neurasthenie.
Bemerkung: Alle an den Akren gelegenen Anfangs- oder Endpunkte der Meridiane = Ting-Punkte, haben eine Fernwirkung. Sie gelten als Einschaltpunkte der sogenannten Tendino-muskulären Meridiane (TMM). So hat auch M 45 unter anderem eine Fernwirkung auf den Kopfbereich — Kopfschmerzen, Trigeminusneuralgie, Nasenaffektionen. Wegen der Schmerzhaftigkeit des Stiches, auf die sein Name treffend hinweist, relativ selten verwendet, objektiv jedoch von guter Wirksamkeit.

Der Milz-Pankreas-Meridian (p'i)

Tsou Tae Yin = Mächtiges Yin des Fußes. The leg greater Yin Meridian.

Abkürzungen in der Literatur: MP = Milz-Pankreas, RP = rate pancreas, SP = spleen.

Meridian eines Voll- = Speicherorganes = tsang, daher YIN.

Nach internationaler Nomenklatur: Nr. IV.

Energieverlauf zentripetal. Er erhält seine Energie vom Magenmeridian und gibt sie an den Herzmeridian weiter.

Chronobiologie:
Optimalzeit zur Tonisierung 11–13 Uhr.

Der Zustimmungspunkt = IU = Pei shu ist B 20, 1 1/2 Cun seitlich der Dornfortsatzspitze des 11. Brustwirbels gelegen.

Der Alarm- = Heroldspunkt = Mo = Mu ist Le 13, unter dem freien Ende der 11. Rippe, an deren Schnittpunkt mit der Medio-Axillarlinie gelegen.

Der äußere Verlauf des MP-Meridians ist durch 21 Punkte gekennzeichnet (Abb. 4).

Verlauf: Der Meridian beginnt am medialen Nagelfalzwinkel der großen Zehe, zieht von dort an der „Grenze" von „weißer und roter Haut" an den vorderen Rand des inneren Knöchels (MP 5) und steigt vor diesem entlang des hinteren Tibiarandes aufwärts bis zum medialen Condylus der Tibia (MP 9).
Von hier weiter über die Innenseite des Oberschenkels zur Inguinalgegend und weiter über die laterale Bauchregion (MP 13–MP 16) zum Thorax und in der Praeaxillarlinie aufwärts bis zum 2. ICR (MP 20).
Nun ändert der Meridian in einem spitzen Winkel nach seitlich unten seine bisherige Richtung und endet mit seinen 21. Punkt im 6. ICR in der Medio-Axillarlinie, 3 Cun unter G 22.

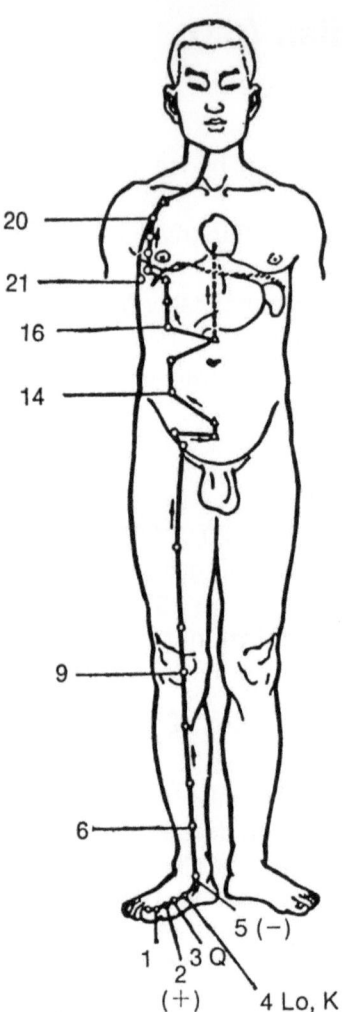

Abb. 4

Meridian von Milz-Pankreas

Tonisierungspunkt	= MP 2	Zustimmungspunkt	= B 20
Sedativpunkt	= MP 5	Alarmpunkt	= Le 13
Quellpunkt	= MP 3	Kardinalpunkt, über den	
Durchgangspunkt (Lo)	= MP 4	der „Wundermeridian"	
	zu M 42	Tchong Mo eingeschaltet	
		werden kann	= MP 4

Tradition: *Dem Milz-Pankreassystem fällt innerhalb des Gesamtorganismus die Rolle eines Vorratsorganes und Zwischenspeichers zu. Er ist die Grundlage der Speicherung und Zuteilung der Bauenergie. Es sind dies Funktionen, die weit über die Assoziation eines westlichen Mediziners diese beiden Organe betreffend, hinausgehen.*
Durch seine Zugehörigkeit zur „Mitte = Erde" hat der Meridian vermittelnde Eigenschaften zu allen anderen Organsystemen.
Wir bezeichnen ihn auch als Hauptmeridian für das „Bindegewebe".

MP 1: yin-pai, Yin Po = „Verborgener Glanz".
Funktion: Anfangspunkt des TMM.
Lokalisation: 2 mm proximal und seitlich des medialen Nagelfalzwinkels der Großzehe.
Punktur: 1–3 Fen senkrecht.
Indikationen: locoregional: Ständig kalte Füße.
überregional: Ohnmacht, Kollaps, Konvulsionen. Epistaxis. Atembeschwerden, die den Schlaf behindern. Meteorismus, Brechreiz, Erbrechen. Menorrhagie.
allgemein: „Man wälzt sich im Bett herum und kann keine Entspannung finden".
Bemerkung: Einer der Spezialpunkte gegen Haemorrhoiden, zusammen mit MP 3.

MP 2: ta-tu, Ta Tou = „Große Stadt".
Funktion: Tonisierungspunkt des Meridians.
Lokalisation: An der medialen Seite der Großzehe, in einem Grübchen, am proximalen Ende der Grundphalanx. (Dort wo sich der Farbton der Haut von licht auf rötlich abgrenzt).
Punktur: 2–5 Fen senkrecht.
Indikationen: locoregional: Rheumatische Sprunggelenksbeschwerden, Knochenschmerzen, Gicht, eiskalte Füße.
überregional: Insuffizienz des Milz-Pankreassystems, krampfartige Oberbauchschmerzen, Hilfspunkt bei Diabetes mellitus, Erbrechen auch Hyperemesis, Anaemie durch Malabsorption, Roemheld-Syndrom. Hypertonie, Herzschmerzen. Un-

ruhe, man kann nicht ruhig liegen, seelische Erschöpfung, mangelnde Konzentrationsfähigkeit der Kinder. Ruhelosigkeit und Widerwilligkeit der Kinder, gehemmte Kinder.
allgemein: Chronische Erschöpfungszustände, Müdigkeit, Schläfrigkeit am Tage.

MP 3: t'ai-pai = „Größte Helle, Glanz".
Funktion: Quellpunkt mit Verbindung zum Durchgangs- = Passagepunkt = Lo = luo seines gekoppelten Yang-Partners, dem Punkt M 40.
Lokalisation: Am inneren Fußrand, in einem Grübchen, etwas hinter dem Großzehengrundgelenk auf der Sehne des M. adductor hallucis.
Punktur: 2—5 Fen senkrecht.
Indikationen: locoregional: Arthralgien, Neuralgien, Parese der unteren Extremitäten.
überregional: Exkretorische und inkretorische Pankreasinsuffizienz und deren Folgezustände, Gastralgien, Darmkoliken, Durchfälle, Dyspepsie. Menstruationsbeschwerden, Zwischenblutungen. Bradycardie, anginoide Beschwerden. Kopfschmerzen mit Spannungsgefühl, Konzentrationsmangel.
allgemein: Gegen Schwächezustände.
Bemerkung: Spezialpunkt gegen Haemorrhoiden mit MP 1.

MP 4: kung-sun, Kong Soun = „Söhne des Menschen".
Funktion: **Durchgangs-** = Passagepunkt = Lo = luo des Meridians. Über ihn Verbindung zum Quellpunkt seines gekoppelten Yang-Partners, zum Punkt M 42.
Kardinalpunkt = Schlüsselpunkt, von dem aus das außergewöhnliche Gefäß = „Wundermeridian" Tchrong Mo = chung-mo, aktiviert werden kann.
Lokalisation: An der Innenseite des Fußes, am inneren Rand des Gelenkes, zwischen Os metatarsale 1 und Os cuneiforme 1. (Der Höhe nach am Übergang des Farbtones von rötlich nach weiß).
Punktur: 3 Fen—1 Cun senkrecht.
Indikationen: überregional: Alle Formen der Durchfälle, geblähtes Abdomen, Verdauungsstörungen, Erbrechen,

Darmkoliken, Cholecystopathien, Gastralgien, Aerophagie, Oesophagusspasmen, Appetitlosigkeit. Dysurie, Sphinkterspasmen. Zur Erleichterung des Geburtsverlaufes, Placentaretention, Vaginismus. Alle Arten der Herzschmerzen, Cor nervosum, sowohl Tachycardieneigung, als auch vagotone Beschwerden. Krampfzustände, Epilepsie, Übererregbarkeit. Blepharospasmus, Stimmbandkrampf. Ödematöse Schwellungen allgemein, Gesichtsödem – Quincke.
allgemein: **Meisterpunkt** gegen **Durchfälle**. **Interferon**-Wirkung, links Goldnadel empfehlenswert.

MP 5: shang-ch'iu, Chang Tsiou = „Anhöhe, Vorsprung".
Funktion: **Sedativpunkt** des Meridians.
Lokalisation: In der Vertiefung, die sich im Winkel zwischen dem Os naviculare und der Sehne des M. tibialis anterior bildet.
Punktur: 2–5 Fen senkrecht.
Indikationen: locoregional: Varicöser Symptomenkomplex, Ulcus cruris, Schweregefühl in den Beinen, Sprunggelenksschmerzen, Schwellungen der Unterschenkel und des Fußes.
überregional: Gourmand mit schlechter Verdauung, Gastralgie, Entero-Colitis, Obstipation, Meteorismus, Splenomegalie, Haemorrhoiden, Analfissuren, Rectalprolaps, Gastro-Enteroptose. Erschlaffung des Bindegewebes, Descensus. Depressive Stimmungslage, Mutlosigkeit, unmotiviertes Weinen, Schläfrigkeit am Tage, dafür unruhiger Schlaf in der Nacht mit schreckhaften Träumen. Ständiges Frösteln, Hysterie, Konvulsionen.
allgemein: **Meisterpunkt** für alle „**bindegewebigen Schwächen**". Varizen, Haemorrhoiden, Ptosen, Prolapse bei pastösen Patienten, lymphatischer Typ.

MP 6: san-yin-chiao, Sann Inn Tsiao = „Reunion der 3 Yin".
Funktion: **Kreuzungspunkt** der 3 Yinmeridiane des Fußes (MP, N, Le), Gruppen-Lo-Punkt.

Lokalisation: 3 Cun oberhalb der Spitze des Malleolus medialis, am Hinterrand der Tibia = 1 Cun cranial von N 8.
Punktur: 1/2—1 Cun senkrecht.
Indikationen: locoregional: Durchblutungsstörungen der unteren Extremitäten, Crampi der Unterschenkel.
überregional: Alle Formen der Durchfälle, Appetitlosigkeit, schmerzhaftes, geblähtes Abdomen, Colitis. Einer der wichtigsten Punkte bei Erkrankungen des inneren Genitales, Regelstörungen, Dysmenorrhoe, Hypermenorrhoe, Amenorrhoe, alle Arten des Fluors, Reizzustände im kleinen Becken, postpartale Blutungen, Ohnmachtsneigung während oder nach der Entbindung, alle klimakterischen Beschwerden, organisch oder psychomatisch bedingt. Penisschmerzen, Orchitis, Ejaculatio praecox, Impotenz, Harninkontinenz. Spastische Stenocardie, Tachycardieneigung bei anaemischen Patienten, Hypertonie aber auch hypotone Regulationsstörungen. Angstgefühl aus Energiemangel, Schwindel, Hemiplegie, traurige Verstimmung.
allgemein: Der Punkt wird auch „Herr des Blutes" genannt, wodurch auf seine durchblutungsregulierende Wirkung der gesamten unteren Extremität und des kleinen Beckens Bezug genommen wird, sowie auf hyper- oder hypotone Kreislaufstörungen. Wichtig im Klimakterium, „konsolidiert das Altern" auch bei Klimakterium virile! Häufig zusammen mit LG 4, KG 6, B 31.

MP 7: lou-ku, Lao Kou = „Öffnung des Tales".
Lokalisation: Am hinteren Tibiarand, 6 Cun oberhalb der Spitze des inneren Knöchels = 3 Cun oberhalb von MP 6.
Punktur: 3 Fen—1 Cun senkrecht.
Indikationen: locoregional: Durchblutungsstörungen der Unterschenkel, rheumatische Knieschmerzen.
überregional: Meteorismus, mangelhafte Auswertung der Nahrung.

MP 8: ti-chi, Ti Tchi = „Kraft aus der Erde".
Lokalisation: Am Hinterrand der Tibia, 9 Cun oberhalb der Spitze des inneren Knöchels = 3 Cun unter MP 9.

Punktur: 5 Fen—1 Cun senkrecht.
Indikationen: locoregional: Rheumatische Knieschmerzen.
überregional: Meteorismus mit Flankenschmerzen, Appetitlosigkeit, Ascites mit KG 9, Durchfälle, Lumbago. Menstruationsirregularität, Dysmenorrhoe, Oligospermie.

MP 9: yin-ling-ch'üan, Inn Ling Tsiuann = „Quelle am Yin-Hügel".
Lokalisation: An der Innenseite des Kniegelenkes, in einer Vertiefung unter dem Condylus medialis = 2 Cun unter der Kniegelenksfalte, in Höhe der Tuberositas tibiae. (Man kann auch zuerst den Punkt G 34 lokalisieren und findet dann MP 9 in ähnlicher Lage, aber an der Innenseite).
Punktur: 3 Fen—1 Cun senkrecht.
Indikationen: locoregional: Arthrosen und Arthritiden der Kniegelenke.
überregional: Appetitmangel, Bauchschmerzen mit Durchfällen und Darmkoliken, spastische Obstipation, besonders bei Frauen, peritoneale Reizzustände, Ascites, Ödeme jeglicher Genese. Miktionsbeschwerden, Urethritis, Dysurie, Oligo oder Anurie, Enuresis, Harnleiterkoliken, Prostatitis, Dysmenorrhoe, Metrorrhagie.
Tradition: *Ho-Punkt, über ihn direkte Einwirkung auf die Organfunktionen möglich.*

MP 10: hsüeh-hai, Sue Hae = „Meer des hsüeh, Meer des Blutes".
Lokalisation: 3 Cun oberhalb der Kniegelenksfalte, an der Innenseite des Oberschenkels. Wenn man bei gebeugtem Knie die Handfläche der rechten Hand über das linke Knie des Patienten legt, so lokalisiert die Daumenspitze den MP 10.
Punktur: 1/2—2 Cun senkrecht oder etwas schräg nach oben.
Indikationen: Siehe MP 9. (MP 10 gilt als der „kleine Helfershelfer" von MP 9). Dazu häufig bei Urticaria, meist mit Di 4, Di 11, B 23, B 40, Lu 5.

MP 11: chi-men, Tsi Menn = „Gittertor, Siebtor".
Lokalisation: An der Innenseite des Oberschenkels, über der A. femoralis, in der Vertiefung der Adductoren. 8 Cun oberhalb des medialen Anteiles des Patellaoberrandes = 5 Cun oberhalb von MP 10.
Punktur: 1/2 Cun senkrecht. Tiefere Punktur kontraindiziert.
Indikationen: Siehe MP 9, dazu Lymphknotenschwellungen in der Leistengegend und Innenseite des Oberschenkels.
Tradition: *Galt als eine der „enthüllenden" Pulstaststellen. A. femoralis!*

MP 12: ch'ung-men, Tchrong Menn = „Tor des Angriffes, Ansturmes".
Lokalisation: 4 Cun lateral der ventralen Medianlinie, in Höhe von KG 2, in der Leistenbeuge, über dem Durchtrittspunkt der A. femoralis.
Punktur: 3 Fen—1 Cun senkrecht. (Cave arteriam!)
Indikationen: locoregional: Orchitis, Samenstrangaffektionen, Miktionsbeschwerden, Hernien.
überregional: Völlegefühl, Darmspasmen, Endometritis, Blutungen post partum, Anregung der Laktation.

MP 13: fu-she, Fou Che = „Bezirk der Eingeweide".
Funktion: **Reunionspunkt** mit dem Lebermeridian und dem außergewöhnlichen Gefäß Yin Oe.
Lokalisation: 4 Cun lateral der vorderen Medianlinie in der Inguinalfalte.
Punktur: bis 7 Fen senkrecht oder 1 Cun schräg.
Indikationen: locoregional: Hernien.
überregional: starke schneidende Bauschmerzen, Verdauungsstörungen, Obstipation.

MP 14: fu-chieh, Fou Tchi = „Bauchknoten".
Funktion: **Reunionspunkt** mit dem außergewöhnlichen Gefäß Yin Oe.
Lokalisation: 4 Cun lateral der vorderen Medianlinie = KG, 3 Fen unter der Höhe von KG 7.
Punktur: 5 Fen senkrecht, oder bis 1 Cun schräg.
Indikationen: locoregional: Bauchschmerzen, besonders in der Nabelgegend.
überregional: Übermäßiges Schwitzen, akute Durchfälle, Husten mit Atembeschwerden.

MP 15: ta-heng, Ta Roang = „Große Transversale".
Funktion: Reunionspunkt mit dem außergewöhnlichen Gefäß = „Wundermeridian" Yin Oe.
Lokalisation: 4 Cun lateral der Medianlinie, in Nabelhöhe.
Punktur: 5 Fen senkrecht, oder bis 1 1/2 Cun schräg.
Indikationen: locoregional: Starke Durchfälle, Meteorismus, atonische Obstipation, Bauchschmerzen.
überregional: übermäßige Schweißausbrüche, epileptiforme Anfälle.
allgemein: Ständiges Lamentieren, sich bemitleiden.

MP 16: fu-ai, Fou Hai = „Wehklage des Abdomens".
Funktion: Reunionspunkt mit dem außergewöhnlichen Gefäß Yin Oe.
Lokalisation: 4 Cun lateral der vorderen Medianlinie = KG, in Höhe von KG 11 = 3 Cun über MP 15.
Punktur: 5 Fen—1 Cun senkrecht.
Indikationen: locoregional: Insuffiziente Magenverdauung, mit zusätzlicher exkretorischer Pankreasinsuffizienz, alle Colitisarten, Bauchschmerzen.

MP 17: shi-tu, Tchenn Tao = „Empfang der Nahrung".
Lokalisation: 6 Cun lateral von der vorderen Medianlinie = KG im 5. ICR. (Zur Lokalisation ist es vorteilhaft, den Arm heben zu lassen).
Punktur: 4—8 Fen schräg.
Indikationen: locoregional: Schmerzen in Zwerchfellhöhe.

MP 18: t'ien-hsi, Tienn Ke = „Schlucht des Himmels".
Lokalisation: 6 Cun lateral des KG, im 4. ICR, in Höhe von KG 17.
Punktur: 4—8 Fen schräg.
Indikationen: locoregional: Husten, Thoraxschmerzen, Mastitis, Muttermilchmangel.
Tradition: *Moxibustion ist der Punktur vorzuziehen.*

MP 19: hsiung-hsiang, Rong Siang = „Brustbezirk".
Lokalisation: 6 Cun lateral der vorderen Medianlinie = KG, im 3. ICR, in Höhe von KG 18.
Punktur: 4—8 Fen schräg.
Indikationen: locoregional: Schmerzen in der seitlichen Thoraxregion, die in den Rücken ausstrahlen.

MP 20: chou-ying, Tchao Yong = „Vom Glanz umgeben".
Lokalisation: 6 Cun lateral der ventralen Medianlinie, im 2. ICR, 1 1/2 Cun unter und etwas lateral von Lu 1.
Punktur: 3—8 Fen schräg.
Indikationen: locoregional: Krampfhusten, eitriges Sputum, Beklemmungsgefühl, Dyspnoe.

MP 21: ta-pao, Ta Pao = „Der große Regisseur, Verteiler".
Lokalisation: Auf der Medio-Axillarlinie, in Höhe des 6. ICR.
Punktur: 5—8 Fen schräg.
Indikationen: locoregional: Schmerzen in der seitlichen Thoraxregion, in den Flanken, in der Axilla, auch Schwellungen in diesem Bereich, Intercostalneuralgie, Atembeschwerden, Pleuralgien.
überregional: Schwäche der oberen Extremitäten.

Tradition: *Bei diesem Endpunkt des MP-Meridians gehen zahlreiche Sekundärgefäße ab, die sich in der Brust und in den Flanken verästeln. Da nach der Tradition der MP-Meridian für die „Ernährung" der anderen Organe zuständig ist, kam MP 21 zu diesem Namen.*
Der Punkt wird auch als „großer Steuerer" = großes Lo bezeichnet.

Meridian des Herzens (hsin)

Cheou chao yin = kleines Yin des Armes = The arm lesser Yin-Meridian.

Abkürzungen in der Literatur: H = Herz, heart, C = coeur, nach internationaler Nomenklatur = Nr. V, (da diese Nomenklatur mit dem Lungen-Meridian = Nr. I, beginnt.)

Meridian eines Tsang = Speicher- oder Vollorganes, daher Yin.

Energieverlauf zentrifugal. Der Herz-Meridian übernimmt die Energie vom Meridian Milz-Pankreas und gibt sie an seinen gekoppelten Yang-Partner, den Dünndarm-Meridian weiter.

Chronobiologie — Tagesrhythmus:
Optimalzeit zur Tonisierung 13—15 Uhr.

Sein Zustimmungspunkt = IU = Pei shu ist B 15, 1 1/2 cun lateral der dorsalen Medianlinie, in der Höhe der Dornfortsatzspitze des V. BWK gelegen.

Sein Alarm-, = Herolds-, = Mo-, = Mu-Punkt ist KG = Jenn Mo 14, auf der vorderen Medianlinie, 1/8 der Strecke Nabel — Xyphoidspitze = 1 Cun von dieser nach kaudal gelegen.

Sein äußerer Verlauf ist durch 9 Punkte markiert (Abb. 5).

Verlauf: Der Meridian tritt in der Mitte der Achselhöhle, am Punkt Tchi Tsiuann = H 1, an die Oberfläche, zieht an der Innenseite (da Yin!) des Oberarmes nach abwärts zum inneren Ende der Ellbogenfalte (H 3), von dort weiter ulnar über die Innenseite des Unterarmes, passiert H 5 = TrongLi über der A. ulnaris und erreicht über H 7 = Chenn Menn am Os pisiforme den Handteller, um dann entlang der Innenseite des Kleinfingers bis zu dessen inneren Nagelwinkel zu verlaufen und an seinem Tonisierungspunkt H 9 = Chao Tchrong zu enden.

Tradition: *Nach der Lehre der Entsprechungen — Wandlungsphasen, wurde das Herz dem Feuer = der Hitze = dem Sommer zugeordnet. Im Gesamtorganismus wurde ihm die Rolle des richtungsweisenden Einflusses und der klaren Einsicht*

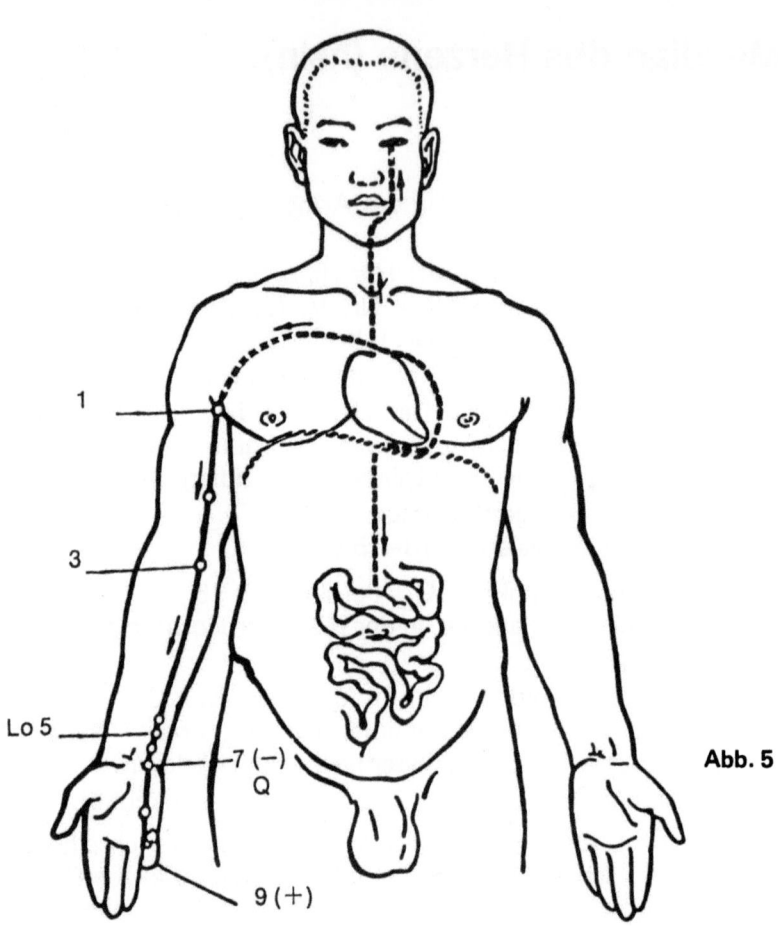

Abb. 5

Meridian des Herzens

Tonisierungspunkt	= H 9
Sedativpunkt	= H 7
Quellpunkt	= H 7
Durchgangspunkt (Lo)	= H 5 zu Dü 4
Zustimmungspunkt	= B 15
Alarmpunkt	= KG 14

Zeichenerklärung
(gültig für alle Abbildungen)

(+) bedeutet Tonisierungspunkt
(−) bedeutet Sedativpunkt
Q bedeutet Quellpunkt
Lo bedeutet Durchgangspunkt
K bedeutet Kardinalpunkt

Beispiel:
(−) Q bedeutet zugleich Sedativ- und Quellpunkt

zugeschrieben, die der Persönlichkeit ihr Gepräge und den Zusammenhalt verleihen. Dies entspricht der Basis aller Lebensfunktionen. Das anatomische Substrat wurde als „adeliges Organ" bezeichnet, (wie auch die Nieren), womit eine Sonderstellung präzisiert wurde.
Von seiner Funktion abhängig wurden der Kreislauf, Emotionen besonders Freude und Lachen, die Zungenspitze als Kommunikationsorgan bezeichnet und daher dem Herz-Meridian als hervorstechendstes Merkmal seine Wirksamkeit auf die Psyche zugeordnet.
Dies drückt sich auch in unserem Kulturkreis, in unserer Sprache treffend aus: „Er hat ein Herz wie ein Löwe" „Herz wie aus Stein", „Wes das Herz voll ist, des geht der Mund über" usw.

H 1: chi ch'üan = Tchi Tsiuann = „Höchste Quelle".
Lokalisation: In der Mitte der Axilla, medial von der A. axillaris (Arm in die Vertikale heben lassen).
Punktur: 3 Fen — 1 Cun, senkrecht (Cave arteriam).
Indikationen: locoregional: Sensibilitätsstörungen und Schmerzen im Oberarm.
überregional: Schmerzen im seitlichen Thoraxbereich, in der Herzgegend.

H 2: ch'ing ling = Tching Ling = „Junge Lebenskraft, reger Verstand".
Lokalisation: An der Innenseite des Oberarmes, 3 Cun oberhalb der Ellbogenquerfalte = 3 Cun über H 3, in der Vertiefung medial vom M. biceps brachii, (H 2 ist oft druckempfindlich).
Punktur: 5 Fen — 1 Cun senkrecht. Die Punktur von H 2 war verboten, nur dessen Moxibustion erlaubt (Tradition).
Indikationen: locoregional: Schulter- und Armschmerzen, die das Armheben behindern, Schmerzen in der seitlichen Thoraxregion.
überregional: Kopfschmerzen.

H 3: shao hai = Chao Hae = „Kleines Meer, kleiner Energiestausee".
Lokalisation: Bei gebeugtem Unterarm, am Ende der medialen Ellbogenquerfalte, zwischen diesem Ende und dem medialen Epicondylus humeri.
Punktur: 3 Fen — 1 Cun, senkrecht.
Indikationen: locoregional: Arthralgien des Ellbogengelenkes, Epikondylitis, Ulnarisneuralgie, Paraesthesiae ante-

brachii zusammen mit Dü 4, Tremores der Hände, unterstützend bei Interkostalneuralgien sowie Schmerzen im Mammabereich.
überregional: spastische Stenokardien, Extrasystolien, Tachykardieneigung, neurozirkulatorische Beschwerden.
allgemein: Überforderungssyndrom, psychische Ermüdung, Angst, Depressionen, daraus resultierende Cephalea sowie Schlafstörungen, psychisch bedingte Impotentia coeundi, Erhöhung der Libido, Steigerung der Abwehrfunktion bei Infekten mit B 38 (43) und M 36.

Tradition: *In seiner Stellung innerhalb der antiken Punkte ist H 3 ein Ho-Punkt, damit wird ihm eine direkte Einwirkung auf das dazugehörige Organsystem zugesprochen.*

Merke: Die Ho-Punkte aller Meridiane liegen jeweils im Bereich der Ellenbogen bzw. Kniegelenke.

H 4: ling tao = Ling Tao = „Straße des Geistes, Esprits".
Lokalisation: 1 1/2 Cun oberhalb der volaren Handgelenksfalte über der A. ulnaris = 1/2 Querfinger proximal des Proc. styloides ulnae, neben der Sehne des M. flexor carpi ulnaris = 1 1/2 Cun proximal von H 7. (Der Abstand von H 3 zu H 7 beträgt 12 Cun).
Punktur: 3—8 Fen, senkrecht.
Indikationen: locoregional: Schmerzen im Hand- und Ellbogengelenk, Neuralgien des Unterarmes.
überregional: Herzschmerzen mit Übelkeit, ang. pectoris.
allgemein: Stottern, Sprechhemmung, Angst und Depressionszustände mit Seufzen und Stöhnen.

Tradition: *Als King-Punkt dem „Metall" der „Trockenheit" zugehörig, hat er die Fähigkeit, Wut, Zorn und Angst im Zaume zu halten.*

H 5: t'ung li = Trong Li = „Verbindung mit dem Inneren", „Durchgehender Knotenpunkt".
Funktion: Durchgangs-, = Passage-, = Lo-, = Anknüpfungspunkt, mit Verbindung zum Quellpunkt seines gekoppelten Yang-Partner-Meridians, zu Dü 4, dadurch Möglichkeit des Energieausgleiches („Fülle und Leere", Über- und Unterfunktion).

Lokalisation:	1 Cun proximal der volaren Handgelenksfalte über der A. ulnaris, in Höhe der Ulnarapophyse.
Punktur:	fast paralleler Einstich zum Gefäß bis 1 Cun oder senkrecht 3 Fen.
Indikationen:	locoregional: Arm- und Handgelenksschmerzen, Kontrakturen, Spasmen, Paresen, Durchblutungsstörungen.
	überregional: Palpitationen, Herzschmerzen, Tachykardienneigung, labile Hypertonie mit Angstgefühl und Kongestionen, Kopfschmerzen, Schwindel, plötzlich auftretende motorische Sprechschwierigkeiten, Augenflimmern, Harndrang bei Aufregungen, Harninkontinenz, übermäßig starke Regelblutungen, Halsschmerzen, Aerophagie, Brechreiz.
	allgemein: Allgemeiner Energiemangel, Platzangst, seelische Hemmungen, Freudlosigkeit — „man weiß mit sich selbst nichts anzufangen", Selbstvorwürfe, Prüfungsangst, Lampenfieber. (Bei diesen Indikationen häufig mit H 7. Diese Kombination hat dämpfende Wirkung, dabei soll jedoch beachtet werden, daß die Punktur von H 7 auch die mentale Energie beeinflußt).
Tradition:	*Der Herz-Meridian steuert als seine zugehörige Emotion nicht nur die Yin-Freude (tiefe innere, ruhige Freude, stilles Glück), sondern ist auch der Meridian der Kommunikation, der zu große Schamhaftigkeit überwinden hilft, nach dem Motto: „Die Zeit der blauen Blumen ist niemals vorbei."*
	H 5 kann als Lo-Punkt die Verbindung zu den Yang-Emotionen = laute übermütige Freude, Schadenfreude usw. herstellen und so ausgleichend wirken.
H 6:	yin hsi = Inn Tchi = „Ort des Yin", „Grenze, Spalte des kleinen Yin" (des Armes).
Lokalisation:	0,5 Cun proximal der volaren Handgelenksfalte über der A. ulnaris = 0,5 Cun proximal des folgenden H 7.
Punktur:	3 Fen — 0,5 Cun, senkrecht.
Indikationen:	locoregional: Handgelenksschmerzen.
	überregional: Schmerzen in der Herzgegend, nervöse Palpitationen, Nachtschweiß, Angst, Kopfschmerzen, Schwindel, Yang-Depressionen = exogen bedingte Depressionen.

H 7: shen men = Chenn Menn = „Pforte des Geistes, Esprits", „Göttliches Tor", „Tor des Verstandes".
Funktion: Sedativpunkt des Herz-Meridians, zugleich Quellpunkt. In dieser Funktion steht er in Verbindung mit dem Durchgangs-, = Lo-Punkt seines gekoppelten Yang-Partners = Dü 7.
Lokalisation: an der radialen Seite des Os pisiforme in einem Grübchen in der Höhe der volaren Handgelenksfalte, über der A. ulnaris (Bei Indikation meist stark druckempfindlich).
Punktur: 3—8 Fen senkrecht oder schräg oder entlang der lateralen Kante des M. flexor carpi ulnaris und des Unterrandes des Os pisiforme, in Richtung zur radialen Seite.
Indikationen: locoregional: unangenehmes Hitzegefühl in den Handtellern, (oft zusammen mit kalten Füßen), Handgelenksschmerzen und Kontrakturen, Spasmen.
überregional: Herzangst, pektanginöse Beschwerden, Tachykardieneigung, thyreogene Dystonie, Extrasystolie, auch bei organisch bedingten Herzbeschwerden zusammen mit KS 7, bei Bradykardie zusammen mit H. 9.
allgemein: Allgemeine Unruhe, Reizbarkeit, Nervosität, Schlafstörungen, Angstträume, depressive Zustände, Neurasthenie, Hysterie, Lampenfieber, nervöser Reizhusten, nervöser Harndrang, Energiemangel, „trockener Mund" mit Durstgefühl ohne Hyperglykämie, nervöses Erbrechen und Appetitmangel.
Tradition: *Bei ernsten organischen Herzerkrankungen soll man eher den KS-Meridian verwenden, z.B. KS 7 zusammen mit KG 14 und B 15 evtl. auch M. 14. Nach der japanischen Schule soll das Herz als Organ nur in seltenen Fällen sediert werden. Regel: Immer zuerst Schwäche = Leerzustände auffüllen, bevor man „Fülle" abbaut.*

H 8: shao fu = Chao Fou = „Geringer Bezirk".
Lokalisation: in der Palma manus, vor den Metakarpophalangalgelenken des 4. und 5. Fingers in einem Grübchen. Wenn man den kleinen Finger stark beugt, zeigt seine Spitze direkt auf den Punkt.

Punktur:	2—5 Fen senkrecht.
Indikationen:	locoregional: heiße Handteller. überregional: Schmerzen im Thorax, in der Herzgegend, Tachykardie, Palpitationen, Angst, Unruhe, Beklemmungsgefühl, Pruritus vulvae, Dysurie, Zusatzpunkt bei Enuresis.
Tradition:	*Gehört zu den Jong-Punkten, die zur Behandlung rheumatischer Gelenkschmerzen empfohlen werden: H 8, Dü 2, B 66, N 2.*

H 9: shao ch'ung = Chao Trong = „Geringer Ansturm", „kleines Überlaufen".

Funktion: Tonisierungspunkt des Meridians, Anti-Depressionspunkt, Anfangspunkt des tendino-muskulären = Muskel-Sehnen-Meridian des Herzens (Abkürzung: TMM).

Lokalisation: 2 mm medial und proximal vom daumenseitigen Nagelfalzwinkel des kleinen Fingers.

Punktur: 1—3 Fen senkrecht.

Indikationen: locoregional: Kontrakturen und Schmerzen, besondern an der Innenseite des Armes, der deswegen nicht durchgestreckt werden kann, Schmerzen im seitlichen Thoraxbereich.

überregional: nervöse Palpitationen, Herzunruhe, Herzschmerzen, Arrhythmien, Bradykardie, hypotone Zustände, Vertigo, Herzschwäche, Halsschmerzen, Diaphragmaschmerz, Katarrhe mit Hypersekretion der Bronchien, Appetitlosigkeit, Dyseptische Beschwerden, Magenschmerzen, Leukorrhö, Pruritus vulvae.

allgemein: psychische Schwächezustände, Angst, Unruhe, Melancholie, Beklemmungsgefühl.

Einer der wichtigsten Punkte bei „krisenhaften Zuständen" = Schock, Kollaps, Sonnenstich, bei zerebralen Insulten im akuten Stadium usw.

Tradition: *Sogenannter „Leichenträgerpunkt". Die Leichenträger bissen im Mittelalter ihre „Kunden" in den kleinen Finger um sie wiederzubeleben bzw. deren sicheren Tod festzustellen (BORSARELLO).*

Meridian des Dünndarms (hsiao-ch'ang)

Cheou-Tae-Yang = Großes, mächtiges Yang der Hand = The small intestine channel of hand Taiyang.
Abkürzungen: Dü, IG = Intestine grêle, SI = Small intestine.
Internationale Nomenklatur: Nr. VI.
Meridian eines Fu = Hohlorganes (auch Werkstättenorgan, in der französischen Literatur Atelier genannt), daher YANG.
Energieverlauf: zentripetal. Er übernimmt die Energie vom Herzmeridian und gibt sie an den Blasenmeridian weiter.
Chronobiologie — Tagesrhythmen:
Optimalzeit zur Tonisierung 15—17 Uhr.
Sein Zustimmungspunkt = IU-Punkt = Pei shu ist B 27, er liegt 1 1/2 Cun seitlich der dorsalen Medianlinie in Höhe des 1. Sakralloches (B 31).
Sein Alarmpunkt = Heroldspunkt = Mo = Mu-Punkt = KG 4 = Jenn Mo 4. Er liegt, wenn man die Strecke vom Oberrand der Symphyse bis zum Nabel in 5 gleiche Teile teilt, 2/5 oberhalb der Symphyse, auf der ventralen Medianlinie.
Sein äußerer Verlauf ist durch 19 Punkte gekennzeichnet (Abb. 6).

Verlauf: Der Meridian beginnt am äußeren Nagelfalzwinkel des kleinen Fingers, zieht von dort an dessen Außenseite an die dorsale Seite des Handgelenkes, wo er den Spalt zwischen Os triquetum und Processus styloides ulnae überquert. Nun verläuft er an der Außenseite des Unterarmes zum Spalt zwischen Olecranon und Epicondylus medialis humeri (Dü 8) und zieht weiter an der Außenseite des Oberarmes empor zur Scapularegion und von dort zur Fossa supraclavicularis.
Sein äußerer Verlauf steigt nun über die seitliche Halspartie und über die Mandibula zum Os zygomaticum auf, dort wo an dessen Unterrand der vordere Ansatz des M. masseter tastbar ist (Dü 18), — und von hier besteht eine Verbindung zum inneren Augenwinkel — zu B 1 — und zieht nun

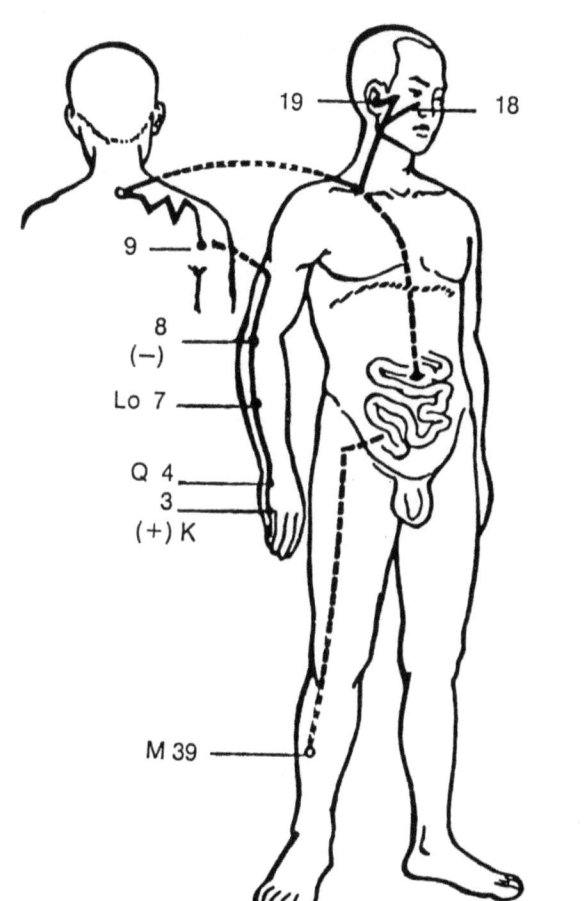

Abb. 6

Meridian des Dünndarms

Tonisierungspunkt	= Dü 3
Sedativpunkt	= Dü 8
Quellpunkt	= Dü 4
Durchgangspunkt (Lo)	= Dü 7 zu H 7
Zustimmungspunkt	= B 27
Alarmpunkt	= KG 4
Kardinalpunkt zur Einschaltung des „Wundermeridians" Tou Mo	= Dü 3
HO-Funktion für das Hohlorgan Dünndarm = direkte Einwirkung über	M 39

weiter zu seinem Endpunkt = Dü 19, der in einem Grübchen vor und etwas unterhalb des Tragus, am Rand des temporo-maxillaren Gelenkes, über der A. temporalis superficialis gelegen ist.

Tradition: *Nach der Lehre der Entsprechungen hat der Dünndarm als komplementäres Yang des Herzens ebenfalls seinen Platz in der Wandlungsphase „Feuer – Hitze" und repräsentiert daher die Yang-Aspekte der beim Herzmeridian beschriebenen Funktionen zusätzlich zu der ihm eigenen Symptomatik, nämlich schleimhautwirksam und spasmolytisch.*

Innerhalb des Gesamtorganismus wurde ihm die Rolle eines Hohlorganes (daher Yang) zugeschrieben, welches die Nahrung aufnimmt und umwandelt, wobei die energetisch aufzufassenden (Ernährungsenergie) Nahrungsbestandteile gesondert und dann weiterverteilt werden.

Der Dünndarmmeridian wurde bei jenen Symptomen, die mit einer Dyskrasie der struktiven Säfte zusammenhingen, bevorzugt eingesetzt.

Dü 1: shao-tse, Chao Tche = „Kleiner Teich, Sumpf".
Funktion: Ting-Punkt = ching = Quelle, Brunnenloch. Beginn des Energieflusses. Damit auch Anfangspunkt des Tendinomuskulären Dünndarmmeridians = TMM.
Lokalisation: 1 Fen = ca. 2 mm lateral und proximal vom *äußeren* Nagelfalzwinkel des Kleinfingers.
Punktur: 1 Fen senkrecht.
Indikationen: locoregional: Armschmerzen, Muskelspasmen, Torticollis, (Wirkung über den Verlauf des TMM). Schmerzen im Bereich des Scapularegion.
überregional: Trockener Mund oder Hypersalivation, Brechreiz, Erbrechen, Kopfschmerzen, Konvulsionen, Sehschwierigkeiten, Schleier vor den Augen, Rhinitis, Laryngitis, Husten.
allgemein: Starke Affinität zur Schleimhaut, sekretolytisch, antitoxisch (krisenhafte Zustände s. H 9).

Dü 2: ch'ien-ku = Tsienn Kou = „Vorderes Tal".
Lokalisation: In einer kleinen Mulde, an der Außenseite des Grundgelenkes des kleinen Fingers, an der Grenze des Überganges des Hautfarbtones von rötlich zu weiß.

Punktur: 2–5 Fen senkrecht.
Indikationen: locoregional: Gefühllosigkeit der Finger, Schmerzen, die das Armheben erschweren, Schwellungen und Schmerzen im Nackenbereich und retroauriculär.
überregional: Hornhauttrübung, Ohrensausen, Angina, Schnupfen mit verstopfter Nase, Nasenbluten, Husten, Haematemesis, verzögerte und mangelhafte Laktation.
allgemein: Fieber ohne Schweiß.

Dü 3: hou-hsi, Chiao Chi = „Hintere Talmulde".
Funktion: Tonisierungspunkt, Kardinal = Schlüsselpunkt für das außergewöhnliche Gefäß Tou Mo = Lenkergefäß = LG = Gouverneursgefäß = GG.
Lokalisation: Bei Faustschluß die Handtellerquerfalte über die ulnare Handkante hinaus verfolgen, am Ende dieser Falte findet man den Punkt.
Punktur: 1 Fen–1 Cun senkrecht oder schräg. (Der senkrechte Stich bis zu einer solchen Tiefe ist nur möglich, wenn die Nadel am palmaren Rand des Metacarpale V vorbeigeführt wird!)
Indikationen: locoregional: Sensibilitätsstörungen der Finger, Crampi im Handbereich, Armneuralgien, Schulter-Armsyndrom, Muskelkontrakturen, Intercostalneuralgie, Schmerzen im Bereich der oberen BWS.
überregional: Konjunktivitis mit Tränenfluß, Blepharitis, Schmerzen der Augenzähne, Hypakusis, Tinnitus, Scheitelkopfschmerzen (durch seine Verbindung über Sekundärgefäße z.B. von Dü 18 zu B 1).
allgemein: Allgemeiner Schleimhautpunkt, bei „tetaniformen Zuständen" jeglicher Art durch seine antispastische, spasmolytische Wirkung einsetzbar. Bei Einsatz als Kardinalpunkt: Hebung der allgemeinen Energie, sowohl psychisch als auch moralisch, gegen Depressionen, epileptiforme Konvulsionen, Folgezustände nach zerebralen Insulten, spastische Kontrakturen, Folgezustände nach Poliomyelitis, Tremores, etc.

Dü 4: wan-ku, Oann Kou = „Knochen des Handgelenks".
Funktion: Quellpunkt, über ein Sekundärgefäß mit dem Lo = Durchgangspunkt seines gekoppelten Yin-Meridians = H 5 in Verbindung.
Lokalisation: An der Ulnarseite des Handgelenkes, zwischen dem Os metacarpale V und dem Os hamatum in einer Vertiefung.
Punktur: 3–5 Fen senkrecht.
Indikationen: locoregional: Schmerzen und Entzündungen, sowie Arthralgien der Finger, Hand- und Ellbogengelenke, Schwäche des Handgelenkes = Unfähigkeit etwas halten zu können, Schreibkrampf.
überregional: Kopfschmerzen, Tinnitus, Augenflimmern, ständiger Tränenfluß, Brechreiz, zusätzlich bei Cholecystopathien.
Tradition: *Bringt Yin-Energie in das Tae-Yang = Dü, B.*

Dü 5: yang-ku, Yang Kou = „Yang Tal".
Lokalisation: In einer Vertiefung distal vom Proc. styloides ulnae, in Höhe des ulnaren Endes der Handgelenksfalte.
Punktur: 3–5 Fen senkrecht.
Indikationen: locoregional: Handwurzelschmerzen, Schmerzen an der Außenseite des Armes, Schwellungen nach Unterarmfrakturen bzw. nach Gipsabnahme, Schulter- und Nackenschmerzen, Schmerzen in den Thoraxseiten.
überregional: Tinnitus, Hypakusis, Kieferschmerzen.
allgemein: Fieber ohne Schweiß, meningeale Reizzustände, psychische Übererregbarkeit im Krankheitsverlauf.
Tradition: *Verstärkt die Oe = Wei = Abwehrenergie.*

Dü 6: yong-lao, Iang Lao = „Zufriedenes Alter".
Lokalisation: In einer Vertiefung, die knapp proximal und etwas radial von der Spitze des Processus styloides ulnae, schon an der dorsalen Seite des Unterarmes zu tasten ist.
Punktur: 2 Fen senkrecht oder 1 Cun schräg in Richtung KS 6.
Indikationen: locoregional: Intensive Schmerzen in den Gelenken der oberen Extremität, im Schulter- und Nackenbereich, wobei der Arm nicht gehoben werden kann.

überregional: Hemiplegie, Sehstörungen, unscharfes Sehen.

Dü 7: chih-cheng, Tche Tcheng = „Korrektur, Wiederherstellung der Gliedmaßen".
Funktion: Lo-Punkt = **Durchgangs-Passagepunkt** — Anknüpfungspunkt. Als solcher in Verbindung mit dem Quellpunkt = H 7 seines gekoppelten Yin-Partners, dem Herzmeridian über das sogenannte „transversale" Lo-Gefäß. (Energieausgleich zwischen Dü- und H-Meridian.)
Lokalisation: Am lateralen, dorsalen Anteil des Unterarms, über dem Rand der Ulna, auf einer gedachten Verbindungslinie von Dü 5 zu Dü 8, 5 Cun proximal von Dü 5. (Entspricht etwa der Unterarmmitte, von Dü 5 zu Dü 8 beträgt die Entfernung 12 persönliche Cun.)
Punktur: 3—8 Fen senkrecht.
Indikationen: locoregional: Schmerzen in den Fingergelenken, man kann keine Faust machen, Nackensteifigkeit.
überregional: psychische Erkrankungen: Neurasthenie besonders im sexuellen Bereich, abwechselnd Reizbarkeit und apathisch depressive Verstimmung, Angst mit Tachycardieneigung, Augenflimmern, Chalazion, Kieferentzündungen, Darmkoliken, spastische Obstipation, aber auch Diarrhoen.
allgemein: Fieber mit starkem Durstgefühl.

Tradition: *Über das „longitudinale" Lo-Gefäß außerdem direkte Einwirkung auf das Hohlorgan Dünndarm möglich. Dem Punkt wird in der Literatur auch eine HO-Funktion, — darunter hat man eine direkte energetische Verbindung zu einem Organ oder Hohlorgan zu verstehen — zum Hohlorgan Magen zugeschrieben.*

Dü 8: hsiao-hai, Siao Hae = „Kleines Meer".
Funktion: Sedierungspunkt, Ho-Punkt.
Lokalisation: Im proximalen Bereich der Vertiefung — Mulde, zwischen Olecranon und Epicondylus ulnaris, 0,5 Cun von der Olecranonspitze entfernt. Arm beugen, bei Druck auf den Punkt soll ein zum

	kleinen Finger hin ausstrahlender Schmerz verspürt werden.
Punktur:	3—8 Fen senkrecht.
Indikationen:	locoregional: Besonders rheumatisch bedingte Schmerzen im Nacken-, Schulter-, Armbereich, auch Sensibilitätsstörungen in dieser Region, lokal: Epicondylitis.
	überregional: Epilepsie, Konvulsionen, Geisteskrankheiten, verschwommenes Sehen, Schwerhörigkeit, Zahnschmerzen mit Gingivitis, Trismus. Spasmen, Schmerzen im Unterbauch.
	allgemein: Fieber, dabei Kältegefühl.
Tradition:	*Ho-Punkt. Als Ho-Punkte — ho = vereinen, konzentrieren — werden jene „antiken, überlieferten" Punkte der Meridiane bezeichnet, die entweder in der Region der Ellbogen oder Kniegelenke liegen. Beispiel: Dü 8, H 3, 3 E 10, Di 11, KS 3, Lu 5. In ihnen konzentriert sich die Energie, sodaß über diese Punkte direkt auf das Organ bzw. Organsystem und die ihm zugeordnete Symptomatik Einfluß genommen werden kann.*

Dü 9:	Chien-chen, Tsienn-Tchenn = „Reine, keusche Schulter".
Lokalisation:	1 Cun oberhalb des Endes der dorsalen Achselfalte (bei herabhängendem Arm) in einer deutlich tastbaren Vertiefung.
Punktur:	3 Fen—1 Cun senkrecht. Moxibustion empfehlenswert.
Indikationen:	locoregional: Schmerzen im Schultergelenk, in der Arm- und Schulterblattregion, auch bei rheumatischer Genese, Sensibilitätsstörungen in diesem Bereich. Unvermögen den Arm nach hinten zu heben (sogenannter Schürzenbandpunkt).
	Dü 9 gehört zu den führenden Punkten bei der Behandlung von Omarthralgien. Meist zusammen mit Di 15, Dü 14 und dem spiegelbildlich zu Dü 9 oberhalb des Endes der vorderen Achselfalte gelegenen H 1—O 1. = P.a.M. 125 = Ye Ling.
	überregional: Tinnitus, Hypakusis.

Dü 10:	nao-shu, Nao lu = „Zustimmungspunkt für die obere innere Armregion".

Funktion: Reunionspunkt mit den außergewöhnlichen Gefäßen = „Wundermeridianen" Yang-Oe und Yang-Tsiao-Mo.
Lokalisation: Auf einer gedachten Verlängerung der hinteren Achselfalte, oberhalb des vorherigen Punktes Dü 9, in einer Vertiefung unter der Unterkante der Spina scapulae, etwa 1/4 ihrer Länge vom Akromion entfernt.
Punktur: 5 Fen—1 Cun senkrecht.
Indikationen: locoregional: Schmerzen und Schwäche in der Schulterregion und im Nacken, Schreibkrampf.
überregional: Augen- und Kopfschmerzen, ophthalmische Migräne (Hilfspunkt).

Dü 11: t'ien-tsung, Tienn Tchong = „Göttliches Prinzip".
Lokalisation: In der Mitte der Fossa infraspinam, in einer Mulde oder in der Höhe von LG 11 = 5. BWD. Dü 11 bildet mit Dü 10 und Dü 9 ein Dreieck.
Punktur: 5 Fen—1 Cun senkrecht.
Indikationen: locoregional: Schmerzen im Nacken-, Schulter- und Armbereich, sowie im Wangen- und Kinnbereich. (Meridianverlauf.)
überregional: Schmerzen im Mammabereich, besonders während der Stillperiode (zusammen mit Dü 1 bei mangelhafter Laktation), Dehnungs- und Spannungsgefühl, auch prämenstruell.

Dü 12: ping-feng, Ping Fong = „Empfang des Windes".
Funktion: Reunionspunkt mit dem Di-, 3 E- und G-Meridian.
Lokalisation: In der Mitte der Fossa supraspinam in einer Mulde die entsteht, wenn der Arm vertikal gehoben wird, direkt über Dü 11.
Punktur: 5 Fen senkrecht oder bis 1 Cun schräg.
Indikationen: locoregional: Spezialpunkt gegen Schulterschmerzen, die das Heben des Armes behindern, Schmerzen und Paraesthesiae in den oberen Extremitäten.

Dü 13: Ch'ü yüan, Tsiou luann = „Mauerbiegung".
Lokalisation: Im medialen Anteil der Fossa supraspinam, dort, wo die spina scapulae eine Krümmung aufweist (daher der Name), in der Mitte einer Verbindungslinie zwischen Dü 10 und 2. BWD.
Punktur: Bis 5 Fen senkrecht, bis 1 Cun schräg.

Indikationen:	locoregional: Schmerzhafte Verspannungen und Muskelkontrakturen im Schulterbereich.
Dü 14:	chien-wai-shu, Tsienn Oe = „Zustimmungspunkt der äußeren Region der Schulter".
Lokalisation:	An der oberen Partie der Scapula, 3 Cun neben LG 13 = T'hao-Tao = unter BWD 1.
Punktur:	1/2 Cun senkrecht.
Indikationen:	locoregional: Schmerzen im Schultergelenk und Schulterblatt, Rheuma mit Kältesensationen im Nacken.
Tradition:	*Moxibustion vorteilhaft.*
Dü 15:	chien-chung-shu, Tsienn-Tchong-Iu = „Zustimmungspunkt für die mittlere Schulterregion".
Funktion:	Dieser Punkt wird bei manchen Autoren als Kreuzungspunkt dreier Meridiane beschrieben und gleichzeitig als G 21 und 3 E 16 geführt. Präzise formuliert handelt es sich jedoch um eine Kreuzungszone innerhalb derer diese 3 Punkte liegen. Sie haben dabei durchaus ihren eigenen Wirkungskreis, allerdings auch manche gemeinsame Indikation.
Lokalisation:	Auf einer gedachten Horizontalen, in der Höhe des Dornfortsatzes des 7. Halswirbels, 2 Cun lateral von der Medianlinie.
Punktur:	5 Fen–1 Cun schräg.
Indikationen:	locoregional: Nacken-, Schulter- und Rückenschmerzen. überregional: Bronchitis, Asthma bronchiale, verschwommenes Sehen, Hypakusis, Tinnitus, geschwollener, schmerzhafter Oropharynx.
Dü 16:	t'ien-ch'uong, Tienn Tchong = „Himmelsfenster".
Lokalisation:	Hinter dem M. sterno-cleido-mastoideus, hinter und etwas unter dem Unterkieferwinkel, hinter dem Punkt Di 18.
Punktur:	5 Fen–1 Cun senkrecht.
Indikationen:	locoregional: Nacken- und Schulterschmerzen, Torticollis, Trismus, Wangenschwellung, – Lymphgefäße! überregional: Angina.
Dü 17:	t'ieng-jung, Tienn Yong = „Himmelsfigur".
Funktion:	Reunionspunkt mit dem G-Meridian.
Lokalisation:	Distal vom Ohrläppchen, hinter dem Unterrand des Unterkieferwinkels, ventral vom M. sterno-cleido-mastoideus, in Höhe von M 6.

Punktur: 1 Fen—1 Cun! Cave Gefäße!
Indikationen: locoregional: Anginen, Laryngitis, Pharyngitis, Tonsillarabzesse, Trismus, Adenitis cervicalis, — Lymphgefäße! überregional: Schmerzen und Völlegefühl im Thorax mit erschwertem Atmen.

Dü 18: ch'üan-chiao, Koun Liou = „Grube des Backenknochens".
Funktion: Reunionspunkt mit dem 3 E-Meridian. Sekundärgefäß zu B 1.
Lokalisation: Am Schnittpunkt einer durch den äußeren Augenwinkel gelegten Vertikalen mit dem Unterrand des Jochbeines, am Vorderrand des Ansatzes des M. Masseter, in einem Grübchen.
Punktur: 3 Fen—1 Cun senkrecht oder schräg.
Indikationen: locoregional: Infraorbitale Schwellungen, Sinusitis maxillaris, Trigeminusneuralgie des 2. Astes, Facialisparese, Zahnschmerzen im Oberkieferbereich.

Dü 19: t'ing-kung, Ting Kong = „Palast des Gehörs".
Funktion: Reunionspunkt mit dem 3 E-Meridian und dem Gallenblasenmeridian.
Lokalisation: Bei geöffnetem Mund in einer Vertiefung zwischen Tragus und Mandibulargelenk, über der A. temporalis superficialis.
Punktur: 3 Fen—1 Cun senkrecht.
Indikationen: locoregional: Chronischer Ohrenfluß, Otitis media, Otitis externa, Hypakusis, Tinnitus, Laryngitis, Arthritis des Kiefergelenkes.
Mnemotechnik: Punkte, die in ihrem chinesischen Namen die Silbe **TING** enthalten, haben Einwirkung auf das Ohr — Gehörorgan — Hörsinn. Punkte, die **MING** in ihrem Namen aufweisen, haben Indikationen, die Augenleiden, Sehstörungen etc. betreffen.

Meridian der Blase (p'ang-kuang)

Tsou Tae Yang = Großes Yang des Fußes = The leg greater Yang-Meridian = The urinary bladder channel of foot Taiyang.

Abkürzungen in der Literatur: B = Blase, V = vessie, UB = urinary bladder.

Nach internationaler Nomenklatur = Nr. VII.

Meridian eines Fu = Hohlorganes, daher YANG.

Energieverlauf: zentrifugal. Der Meridian erhält seine Energie vom Dünndarmmeridian und gibt sie an den Nierenmeridian weiter.

Chronobiologie — Tagesrhythmus:
Optimalzeit zur Tonisierung 17—19 Uhr.

Sein Zustimmungspunkt = IU-Punkt = Pei shu ist B 28, er liegt 1 1/2 Cun lateral von der dorsalen Medianlinie, dem LG = Tou Mo entfernt, in der Höhe des II. Sacralloches.

Sein Alarmpunkt ist KG = Jenn Mo 3. Dieser liegt, wenn man die Strecke vom Oberrand der Symphyse bis zum Nabel in 5 gleiche Teile teilt, 1/5 oberhalb der Symphyse auf der ventralen Medianlinie.

Sein äußerer Verlauf ist durch 67 Punkte gekennzeichnet (Abb. 7).

Verlauf: . Der Meridian beginnt am inneren Augenwinkel, beiderseits der Nasenwurzel, steigt dann über die Stirn zum Scheitel auf und zieht über den Schädel zum Nacken, wo er sich in Höhe von C 2, am Punkt B 10, in zwei parallele oberflächliche Verläufe teilt. Der „innere" Ast zieht nun 1,5 Cun lateral der dorsalen Medianlinie über den Rücken nach unten, der „äußere" Ast ebenfalls, aber in einer Entfernung von 3 Cun von der Medianlinie. (Dies entspricht der Entfernung des inneren Randes der Scapula von den Dornfortsätzen.)
Bemerkung: Dabei handelt es sich um das transversale Maß am Rücken — nicht um das „Finger-Cun"!

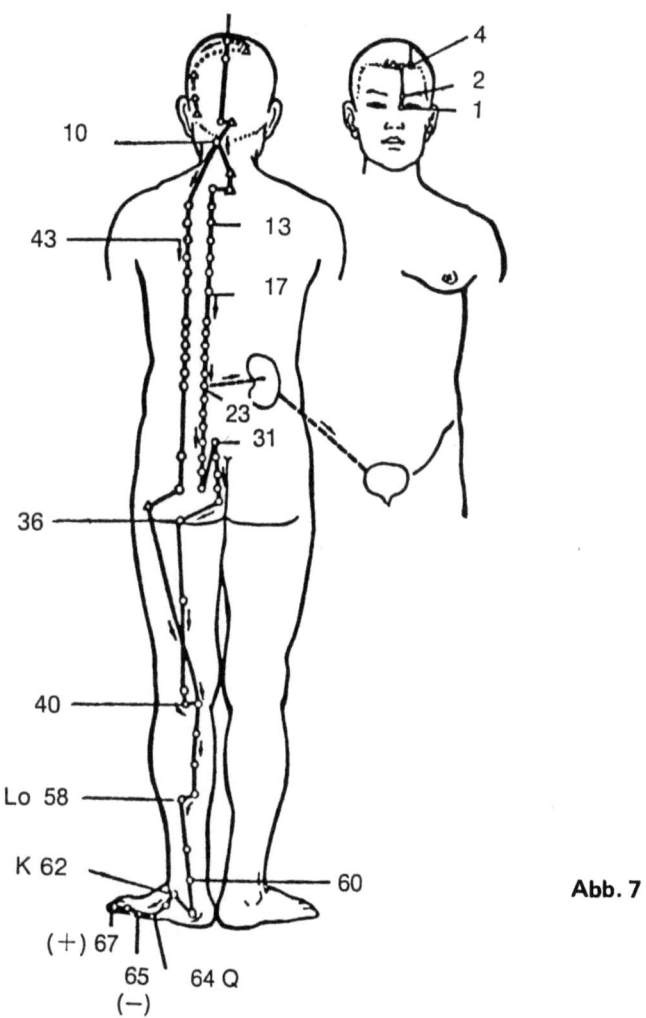

Abb. 7

Meridian der Blase

Tonisierungspunkt	= B 67	Zustimmungspunkt	= B 28
Sedativpunkt	= B 65	Alarmpunkt	= KG 3
Quellpunkt	= B 64	Kardinalpunkt zur	
Durchgangspunkt (Lo)	= B 58	Einschaltung des	
	zu N 3	„Wundermeridians"	
		Yang Tsiao Mo	= B 62

Die Entfernung zwischen medialem Scapularand und den Dornfortsätzen = LG beträgt 3 dieser hier gemeinten Cun.

Beide Äste ziehen nun über die Lumbal- und Glutealregion und die dorsale Seite des Oberschenkels bis zur Kniekehle, in deren Mitte sie sich am Punkt B 40 vereinigen. Von hier weg zieht der Meridian nur mehr mit einem Verlauf weiter über die Wade bis zur kleinen Zehe, wo er mit seinem 67. Punkt am äußeren Nagelfalzwinkel endet und energetische Verbindung mit seinem Yin-Partner, dem Nierenmeridian, aufnimmt.

Tradition: *In der Tradition wurde der Blase die Rolle des Zusammenströmens und Speichern von Säften innerhalb des Organismus zugeschrieben. Dazu kamen noch Funktionen, die an Umfang weit über unsere Ansichten, die Harnblase betreffend, hinausgingen.*

Aus diesem Blickwinkel muß das Wirkungsspektrum des mit seinen 67 Punkten längsten aller Meridiane betrachtet werden.

In der Lehre der 5 Wandlungsphasen findet der Blasenmeridian als Yang-Partner der Niere in der Wandlungsphase Kälte, Wasser, die jahreszeitlich dem Winter entspricht, seinen Platz. (Näheres siehe Nierenmeridian).

Am besten charakterisiert man den Meridian, seiner primären Funktion nach, als Ausscheidungsmeridian.

B 1: ching-ming, Tsing Ming = „Helle, Glanz der Augäpfel".

Funktion: Reunionspunkt mit dem Dünndarm- und Magenmeridian, sowie mit den außergewöhnlichen Gefäßen Yin Tsiao Mo und Yang Tsiao Mo = Yin Keo und Yang Keo.

Lokalisation: Im Winkel, der von Orbita und Nasenwurzel gebildet wird, etwa dort, wo sich bei Brillenträgern seitlich die Nasenstütze abzeichnet. Präzise: 1 Fen medial und cranial vom inneren Augenwinkel. (Der Punkt wird häufig instiktiv massiert.)

Punktur: 1–3 Fen senkrecht – 1/2 Cun entlang des Orbitarandes, wobei die Nadel nicht gedreht werden soll und eine Blutung verhindert werden muß.

Indikationen: locoregional: Akute und chronische Conjunktivitis, Augentränen bei Wind, Myopie, Hypermetropie, Opticusneuritis, Katarakt, Chalazion, Stirnkopfschmerzen, Migräne, Erkrankungen der Stirnhöhle, der Siebbeinzellen, Trigeminusneuralgie des 1. Astes.

B 2: ts'uan-chi, Tsroann Tchou = „Wurzel der Augenbraue".

Funktion: B 2 bildet mit dem Point de merveille = P.d.M. = Yin-Trang = LG 24-2, einem der außergewöhnlichen = extraordinary points, der in der Mitte der Nasenwurzel lokalisiert ist, das sogenannte vordere „magische Dreieck".

Lokalisation: Am medialen Ende der Augenbrauen, in den Foramina supraorbitalia.

Punktur: 2—5 Fen schräg, subcutan, Nadel nach oben gerichtet.

Indikationen: locoregional: Kopfschmerzen, besonders im Stirnbereich, Migräne, Schwindel, ständiger Tränenfluß, Augenflimmern, verschwommenes Sehen, Konjunktivitis, besonders mit starker Sekretion am inneren Augenwinkel, Sinusitis frontalis, ständiger Niesreiz, Trigeminusneuralgie des 1. Astes, Gesichtsschwellung.
allgemein: B 2 ist einer der Hauptpunkte gegen Kopfschmerzen und zur Sinusitisbehandlung.

Tradition: *Hier soll die Energie des Blasenmeridians zu Tage treten.*

B 3: mei-ch'ung, Mi Tchong = „Über der Augenbrauenmitte".

Lokalisation: Senkrecht über B 2, 0,5 Cun innerhalb der Stirnhaargrenze, 1 Cun lateral des Tou Mo (LG 24).

Punktur: Bis zu 5 Fen schräg.

Indikationen: locoregional: Stirnkopfschmerzen, Augenkrankheiten, Rhinitis, Sinusitis frontalis.
überregional: Schwindel, epileptiformen Anfälle.

Tradition: *Moxibustion verboten! Auch in der modernen Literatur verboten!*

B 4: ch'ü-ch'a, Kou Tcha = „Abweichende Krümmung".
Lokalisation: In Höhe von B 3, 0,5 Cun lateral dieses Punktes = 1 1/2 Cun lateral von LG 24, 0,5 Cun innerhalb der Stirnhaargrenze.
Punktur: 2 Fen senkrecht bis 5 Fen schräg, subcutan, Nadel nach aufwärts gerichtet.
Indikationen: locoregional: Scheitel- und Stirnkopfschmerzen, Augenflimmern, verstopfte Nase, Epistaxis, Ödema Quincke.
überregional: entspricht in der Schädelakupunktur der Thoraxzone mit deren Indikationen paroxysmale Tachycardie, Herzschmerzen.

B 5: wu-ch'u, Wou Tchu = „Am fünften Ort".
Lokalisation: 5 Fen occipital von B 4, in Höhe von LG 23.
Punktur: 5 Fen senkrecht bis 5 Fen schräg.
Indikationen: locoregional: Kopfschmerzen, Augenflimmern.
überregional: Siehe B 4 — Thoraxzone, Herzschmerzen sowie epileptiforme Anfälle.

B 6: ch'eng-kuang, Sing Koang = „Erbe des Lichtes, Glanzes".
Lokalisation: 1 1/2 Cun occipital von B 5 und 1 1/2 Cun lateral des Tou Mo auf Höhe von LG 21 = Tchinn Ting.
Punktur: 2 Fen senkrecht bis 5 Fen schräg.
Indikationen: locoregional: Kopfschmerzen, Schwindel, Brechreiz, Augenschmerzen, abundante Rhinitis, Anosmie, Facialisparese auch zentral.
überregional: Siehe B 4 und B 5.

Tradition: *Moxibustion verboten! Moxibustion auch in der modernen Literatur verboten.*

B 7: t'ung-t'ien, Tong Tien = „Zugang zum Himmel".
Lokalisation: 1 1/2 Cun occipital von B 6, in Höhe von LG 20, (daher der Name, da LG 20 nach der Tradition die Verbindung Mensch — Himmel darstellt.)
Punktur: 2 Fen senkrecht oder bis 5 Fen schräg.
Indikationen: locoregional: Scheitelkopfschmerzen, Rhinitis, Sinusitis, Anosmie, Schwindel, eingenommener Kopf, Ohrensausen, Konvulsionen, Hemeralopie, Trismus, Nackenschmerzen, die die Kopfdrehung erschweren, Lymphadenitis cervicalis.

B 8: luo-chüeh, Lo Tsri = „Ende der Netzbahnzweige".
Lokalisation: 1 1/2 Cun occipital von B 7.
Punktur: 2 Fen senkrecht oder bis zu 5 Fen schräg.
Indikationen: locoregional: Schädeldachschmerzen, Schwindel, Konvulsionen, stuporöse Zustände, Ohrensausen, Hemeralopie, Sehschwäche, Rhinitis, Epistaxis, Anosmie.

B 9: yü-chen, Iou Tchenn = „Jadekissen".
Lokalisation: 1 Cun lateral von LG 17 = Nao Fou — Oberrand der Protuberantia occipitalis externa. (Siehe Namen „Kissen" als solches wird die Protuberantia angesehen.)
Punktur: 2 Fen senkrecht oder bis zu 5 Fen schräg. Nadel nach abwärts gerichtet.
Indikationen: locoregional: Unbeeinflußbare Scheitelkopfschmerzen, Schwindel, Sehstörungen, durch Myopie bedingte Augenschmerzen, Rhinitis, Anosmie.

B 10: t'ien-chu, Tienn Tchou = „Säule des Himmels".
Funktion: An diesem Punkt teilt sich der Meridian für seinen weiteren Verlauf in zwei Äste. Außerdem wird ihm eine eher parasympathische Wirkung zugeschrieben, vielleicht über vorderen Hypothalamus. Sein Gegenspieler ist G 20, dem eine eher sympathicotone Wirkung zugeschrieben wird. B 10 und G 20 werden daher auch „Vegetative Basis = vegetativer Ausgleich" genannt.
Lokalisation: 1 Cun unter der Protuberantia occipitalis und 1 1/2 Cun lateral der dorsalen Medianlinie, in einer deutlich tastbaren Vertiefung. (ca. 1/2 Cun oberhalb des natürlichen Haaransatzes, ca. in einer Höhe mit G 20.)
Punktur: 5 Fen senkrecht bis 1 Cun schräg.
Indikationen: locoregional: Sehr starke Kopfschmerzen am Scheitel und Hinterkopf, Occipitalneuralgie, Cervicalsyndrom, Torticollis, Einfluß auf Schädeldurchblutung.
überregional: Pharyngitis, Laryngitis, Anosmie, entzündliche Nasenaffektionen, ständiger Tränenfluß, Affektionen des äußeren Auges, Schwindel beim Öffnen der Augen, Neurasthenie, Hysterie.
allgemein: Einer der wichtigsten Punkte mit vagotoner Wirkung, auch blutdrucksenkender Wirkung. (Typischer, unwillkürlicher „Kratzpunkt.")

Tradition: *B 10 wird in der Tradition als ein „Meer der Energie" des Blasenmeridians besonders herausgehoben.*

B 11: ta-chu, Ta Tchou = „Großes Weberschiffchen".
Funktion: Reunionspunkt mit dem LG = Tou Mo, sowie mit dem Dünndarmmeridian und dem 3 E-Meridian.
Lokalisation: 1 1/2 Cun lateral vom unteren Rand des 1. Brustwirbeldornfortsatzes.
Punktur: 5 Fen—1 Cun schräg.
Indikationen: locoregional: Bronchitis, Nacken-, Schulter- und Rückenschmerzen.
überregional: Arthralgien, Kontrakturen, Spasmen, Paraesthesiae, latente Hypocalcaemie, tetanische Zustände, Unruhe, Angst, Globusgefühl, Hysterie, epileptische Anfälle.
allgemein: Knochenwirksam durch Einfluß auf Parathyreoidea-Calcitoninstoffwechsel.
Als weitere „knochenwirksame" Punkte gelten G 30 und N 6.
Entspannungspunkt für die gesamte Wirbelsäule.

B 12: feng-men, Fong Menn = „Pforte des Windes".
Funktion: Reunionspunkt mit dem LG = Tou Mo.
Lokalisation: 1 1/2 Cun seitlich des unteren Randes des 2. BWD (Brustwirbeldornfortsatz).
Punktur: 5 Fen—1 Cun schräg.
Indikationen: locoregional: Torticollis, Spasmen der Halsmuskulatur, Myalgien im Bereich des Schultergürtels, Bronchitis, Asthma, Keuchhusten.
überregional: Alle Nasenaffektionen, ständiger Niesreiz, starke Nasensekretion, Epistaxis.
allgemein: urticarielle Hauterkrankungen, Pruritus, nervöse, depressive Stimmung, der Kranke wälzt sich im Bett herum und findet keinen Schlaf.

B 13: fei-shu, Fei lu = „Zustimmungspunkt der Lunge".
Funktion: Die Zustimmungspunkte **aller** Meridiane liegen auf dem inneren Ast des Blasenmeridians. Sie werden hauptsächlich bei subakuten oder chronischen Erkrankungen eines Meridians verwendet. Da der Rücken dem Yang und die ventrale Körperseite dem Yin zugerechnet wird, ergibt sich die

Möglichkeit eines Energieausgleiches durch die Punktur der Zustimmungspunkte und der Alarmpunkte, (die ausschließlich ventral gelegen sind) eine Methode, die relativ häufig angewendet wird.
Lokalisation: 1 1/2 Cun seitlich des unteren Randes des 3. BWD. (Hilfstip: Der Patient legt seine Hand über die kontralaterale Schulter am Nackenansatz, die Mittelfingerspitze zeigt dann auf B 13.)
Punktur: 5 Fen—1 Cun schräg.
Indikationen: locoregional: Dorsalgien mit chronischem Verlauf, Bronchitis, Dyspnoe, der Kranke kann nicht aushusten, Reizhusten, Asthma bronchiale, alle chronischen Lungenerkrankungen.
überregional: Stomatitis, Glossitis, Aphten, übermäßiges Schwitzen, Dermatitiden mit Pruritus.
allgemein: Zur Beeinflussung aller Affektionen des Respirationstraktes.
Seelische Störungen nach Aufregungen, Kummer, innere Unruhe, ja sogar Suicidtendenz.

B 14: chüeh-yin-shu, Tsiue Yin lu = „Zustimmungspunkt des Tsiue Yin = KS, Le.
Funktion: B 14 gilt als Zustimmungspunkt des KS-Meridians.
Lokalisation: 1 1/2 Cun seitlich der dorsalen Medianlinie, in Höhe des unteren Randes des 4. BWD.
Punktur: 5 Fen schräg.
Indikationen: locoregional: Druckgefühl, Beklemmung, chronische Bronchitis, Thoraxschmerzen, Schulter- und Rückenschmerzen.
überregional: Praecordialschmerz, Hypotonie, Pericarderkrankungen. (Die exakte Übersetzung des KS-Meridians lautet eigentlich „Hülle des Herzens").
Singultus, Brechreiz, Fluor, Hypomenorrhoe.
allgemein: Chronische Erkrankungen des Kreislaufsystems und mit Einschränkung — weniger organisch als psychisch — auch der sexuellen Sphäre, cerebral-vasculäre Störungen, Cephalgien etc. Vertigo, Neurasthenie, Impotenz aus psychischer Ursache, verminderte Libido.

B 15: hsin-shi, Sinn Iu = „Zustimmungspunkt des Herzens".
Lokalisation: 1 1/2 Cun seitlich des unteren Randes des 5. BWD.
Punktur: 5 Fen schräg.
Indikationen: locoregional: Dorsalgien, Husten.
segmental: Zur Beeinflussung aller Herzerkrankungen, Arrhythmien, Herzsensationen etc.
Roemheldsyndrom — mit B 17
Erbrechen, Oesophagusspasmen, mit KG 12.
überregional und allgemein: Hysterie, Neurasthenie, Gedächtnisschwäche, Zustände nach cerebralen Insulten, Epilepsie, Parkinsonismus, Vertigo.
Mit H 5 und H 7 gegen Lampenfieber, Prüfungsangst.
Epistaxis, Menorrhagie, nächtliche Spermatorrhoe.

B 16: Tu-shu, Tou Iu = „Zustimmungspunkt des Tou Mo".
Lokalisation: 1 1/2 Cun seitlich des unteren Randes des 6. BWD.
Punktur: 5 Fen schräg.
Indikationen: locoregional und segmental: Bronchitis, Krampfhusten, Atembeschwerden, Herzaffektionen.
überregional: Bauchschmerzen mit vermehrter Peristaltik, Erbrechen. Blasenschmerzen vor und während der Miktion. Pruritis.
allgemein: „Müder Körper, alles tut weh", ständige Schläfrigkeit.

B 17: ko-shu, Ko Iu = „Zustimmungspunkt des Zwerchfelles".
Funktion: Der Punkt wird auch „Meister des Blutes" genannt. Gemeint ist der Einfluß auf Zwerchfellbewegungen sowie auf die Atemmuskulatur und dadurch auf den Blutkreislauf, aber auch seine Wirkung bei Blutkrankheiten — Gerinnungsstörungen.
Lokalisation: 1 1/2 Cun seitlich des unteren Randes des 7. BWD.
Punktur: 5 Fen schräg.

Indikationen: locoregional und segmental: Asthmoide Bronchitis, Tbc pulmonum, Erhöhung der Atemkapazität durch prompte Wirkung auf das Zwerchfell und die Atemmuskulatur.
Herzschmerzen, Herzaffektionen, Herzschwäche, Roemheld-Syndrom.
überregional: Oesophagusspasmen, Anorexie, auch bei malignen Prozessen, Intestinalblutungen.
allgemein: Einfluß auf den ganzen Organismus, alle Blutkrankheiten, Regulation der Blutgerinnung, chronische haermorrhagische Diathese.
Schwäche der Glieder, Nachtschweiß, Urticaria, neurogenes Erbrechen.

B 18: kan-shu, Kann lu = „Zustimmungspunkt der Leber".
Lokalisation: 1 1/2 Cun seitlich des unteren Randes des 9. BWD.
Punktur: 5 Fen schräg.
Indikationen: locoregional und segmental: Husten mit Seitenschmerzen, Intercostalneuralgie, Magenerkrankungen, alle Lebererkrankungen und deren Begleitzustände.
überregional und allgemein: Energiemangel, Muskelschwäche, abnorme Ermüdbarkeit, Impotenz wegen Erektionsschwäche, Neurasthenie, Zorn, Wut, Unbeherrschtheit, Augenerkrankungen, besonders der Retina, Nachtblindheit.

Tradition: *Das Organsystem Leber „regiert" die Muskulatur, den Sehnenapparat, die Augen (Retina), die morphologen Bestandteile des Blutes, sowie psychisch die Yin Wut = stille, unterdrückte Wut, Zorn, Ärger.*

B 19: tan-shu, Tann lu = „Zustimmungspunkt der Gallenblase".
Lokalisation: 1 1/2 Cun seitlich des unteren Randes des 10. BWD.
Punktur: 5 Fen schräg.
Indikationen: locoregional: Krampfhusten mit Seitenschmerzen, die das Atmen erschweren.

segmental und überregional: Bitterer Mundgeschmack, trockene Zunge, Brechreiz oder Erbrechen, Oesophagusspasmen, Verdauungsstörungen, alle Cholangiopathien, Cholecystopathien, auch Lithiasis, Koliken, Hepatopathien, Milcherbrechen der Kleinkinder, Miktionsbeschwerden, Nierenkolik, Hidrosadenitis.
allgemein: Fieber, Müdigkeit, Splenomegalie, Diabetes mellitus, Muskelkrämpfe, Kontrakturen, Kopfschmerzen, cholerische Stimmungslage, explosive Wutausbrüche, aber auch Niedergeschlagenheit.
Alle Augenaffektionen, Sehstörungen, Schmerzen in der Augenbrauengegend.

Tradition: *Die Bezeichnung „Gallenblase" beschränkt sich nicht auf die uns bekannten Funktionen dieses Organs, vielmehr wurde sie als das komplimentäre Yang der Leber angesehen, mit ähnlichem Einfluß auf organische und psychische Krankheitsbilder, z. B. Impotentia coeundi.*
Leber in „Leere", Galle in „Fülle" = Er will aber er kann nicht.

B 20: p'i shu, Pi Iu = „Zustimmungspunkt der Milz" (Milz-Pankreas).
Lokalisation: 1 1/2 Cun seitlich des unteren Randes des **11.** BWD.
Punktur: 5 Fen schräg.
Indikationen: locoregional: Intercostalneuralgie, Herpes Zoster, Muskelkontrakturen, aber auch Tonusverminderung.
segmental und überregional: Gastritis, Gastralgien, Ulcuskrankheit, Enteritis, dyseptische Beschwerden, Hepatopathien, auch mit Icterus, Ascites, Oesophagusspasmen, Durchfälle.
allgemein: Ödeme, Urticaria, heamorrhagische Diathese, unterstützend bei Anaemien, Kraftlosigkeit.
Bindegewebsschwäche, übermäßiges Grübeln, Nachsinnen, ständige Besorgtheit ohne Grund.

Tradition: *Dem Organsystem Milz, der „Feuchtigkeit" zugeordnet, wurde ausgleichender Einfluß auf energetische Vorgänge zugeschrieben.*

Die Milz „regiert" das Bindegewebe, die Lippen, den Mund, die Zunge als Geschmacksinnesorgan, den Speichel.
Sie galt als Vorratsspeicher der sogenannten Bauenergie.
Psychisch als Organ mit Einfluß auf Kritik und Überlegung, die sich im (Nach-)Denken äußert.

B 21: wei-shu, Oe Iu = „Zustimmungspunkt des Magens".
Lokalisation: 1 1/2 Cun seitlich des unteren Randes des 12. BWD.
Punktur: 5 Fen schräg.
Indikationen: locoregional: Muskelkontrakturen der paravertebralen Muskulatur.
überregional: Gastralgien, Ulcuskrankheit, Colitis, Verdauungsstörungen, Erbrechen, Übelkeit, Durchfälle, Hepatopathien.
Schwächliche Kinder, abgemagerte Kinder, Milcherbrechen, Intestinalparasiten.
allgemein: „**Meisterpunkt**" des Magens.

B 22: san-chiao-shu, Sann Tsiao Iu = „Zustimmungspunkt des 3 E".
Lokalisation: 1 1/2 Cun seitlich des unteren Randes des 1. LWD.
Punktur: 5 Fen—1 Cun **senkrecht.**
Indikationen: locoregional: Rückenschmerzen, Kontrakturen, Kreuzschmerzen.
überregional: Respiratorische Insuffizienz, Verdauungsstörungen, Gastritis, Enteritis, Durchfälle, Ascites.
Cerebrale Mangeldurchblutung, Vertigo, Neurasthenie, Kopfschmerzen mit Augenflimmern.
Nephropathien, Hilfspunkt bei infektiös bedingten Erkrankungen, Harninkontinenz, Impotenz, Frigidität.
allgemein: Chronische Insuffizienz der Atmungs-, Verdauungs- und Urogenitalfunktionen.

B 23: shen-shu, Chenn Iu = „Zustimmungspunkt der Nieren".

Lokalisation: 1 1/2 Cun lateral des unteren Randes des 2. LWD.
Punktur: 5 Fen—1 Cun senkrecht.
Indikationen: locoregional: Schmerzen bei Kontrakturen in der Lumbalregion und an den unteren Extremitäten.
überregional: Nierenaffektionen, Haematurie, Cystitis, Urethritis, Menstruationsstörungen, Fluor, Impotenz, Ejaculatio praecox, nächtliche Spermatorrhoe.
Herzbeschwerden bei renaler Hypertonie. (Blasser Hochdruck).
Hilfspunkt bei Diabetes mellitus, Verdauungsbeschwerden mit chronischen Durchfällen, Augmentatio hepatis.
Gefühl des „eingenommenen Kopfes", Angst ohne Grund, Neurasthenie, Zustände nach Apoplexie.
Sehstörungen, „man kann nicht klar sehen".
allgemein: Da B 23 der Zustimmungspunkt sowohl für die „Wasserniere" als auch für die „Feuerniere" = Nebenniere ist, finden wir manche Indikationen, die vom hormonellen Wirkungsspektrum der Nebennierenfunktion abgeleitet werden. Hauptsächlich: Abnorme Müdigkeit, Abgeschlagenheit, rheumatisches Geschehen, Ödemneigung.
B 23 zählt zu den sogenannten corticotropen Punkten, die bei allen Erkrankungen, bei denen Corticosteroide indiziert sind, eingesetzt werden können.

B 24: ch'i-hai-shu, Tsri Hae Iu = „Zustimmungspunkt des Meeres der Energie" = KG 6.
Lokalisation: 1 1/2 Cun seitlich des unteren Randes des 3. LWD.
Punktur: 5 Fen—1 Cun senkrecht.
Indikationen: locoregional: Schmerzen in der Nierengegend mit erschwerter Miktion, Lumbalgie.
überregional: Appetitlosigkeit, atonische Obstipation, Haemorrhoiden.
allgemein: Mangelnde Energie, allgemeine Schwäche.

B 25: ta-ch'ang-shu, Ta Tchrang Iu = „Zustimmungspunkt des Dickdarmes".

Lokalisation: 1 1/2 Cun seitlich des unteren Randes des 4. LWD.
Punktur: 5 Fen—1 Cun senkrecht.
Indikationen: locoregional: Schmerzen in der LWS, „man kann sich nicht bücken"
Nierenaffektionen, Harninkontinenz.
überregional: Alle Formen der Obstipation, Appetitmangel, Abmagerung, Verdauungsstörungen, Enteritis, Colitis, Diarrhoe, Hilfspunkt bei Appendicopathien, mit M 26, M 37, Le 3, KS 6. (Notfallakupunktur!)

B 26: kuan-yüan-shu, Koann Iuann Iu = „Zustimmungspunkt des Punktes Koann Iuann = KG 4".
Lokalisation: 1 1/2 Cun seitlich des unteren Randes des 5. LWD.
Punktur: 5 Fen—1 Cun senkrecht.
Indikationen: locoregional: Lumbalgie, Schmerzen in den Nierenlagern mit Schwierigkeiten beim Urinieren.
überregional: Cystitis, Affektionen des inneren weiblichen Genitales, zirkulatorisch bedingte Menstruationsstörungen, Dysmenorrhoe.
Enteritis, Colitis, Diarrhoe.
allgemein: Zur Anregung der Abwehrreaktion nach Darminfektionen und gynägologischen Erkrankungen.

B 27: hsiao-ch'ang-shu, Siao Tchrang Iu = „Zustimmungspunkt des Dünndarmes".
Lokalisation: 1 1/2 Cun seitlich der dorsalen Medianlinie, in Höhe des 1. Sacralloches in der Vertiefung, die zwischen dem Os sacrum und der Spina iliaca posterior superior sichtbar und tastbar ist, in gleicher Höhe wie B 31.
Punktur: 3 Fen—1 Cun senkrecht.
Indikationen: locoregional: Schmerzen in der Nierenregion, der LWS und Sakralgegend.
überregional: Urethritis, Harninkontinenz, Miktionsschwierigkeiten, Fluor, Adnexaffektionen, pelveoperitonische Reizzustände.
Alle Darmerkrankungen mit Durchfällen, auch mit Schleim-, Eiter- und Blutbeimengungen im Stuhl, kolikartige Darmschmerzen, alle Formen von Enddarmerkrankungen, Haemorrhoiden.
Kopfschmerzen mit abnormen Durstgefühl.

Tradition:	Spezialpunkt für die „organischen Flüssigkeiten" – damit ist die Summe des Körperwassers ganz allgemein gemeint. Für alle Affektionen die den Dünn- oder Dickdarm betreffen.

B 28: p'ang-kuang-shu, Prang Koang Iu = „Zustimmungspunkt der Blase".
Lokalisation: 1 1/2 Cun lateral von der dorsalen Medianlinie, in der Höhe des 2. Sakralloches (auf der gleichen Höhe liegen medial davon B 32 und lateral B 53).
Punktur: 3 Fen–1 Cun senkrecht.
Indikationen: locoregional: Sacralgien, Ischialgien.
überregional: Miktionsbeschwerden, Harndrang, Cystitis, Metritis, Dysmenorrhoe, besonders der Jugendlichen.
Obstipation mit Leibschmerzen, Durchfälle, meist durch Pankreasaffektionen verursacht, Pankreopathien mit Diabetes mellitus.
allgemein: Wichtiger Punkt für Erkrankungen des kleinen Beckens, Harnwegaffektionen.

B 29: chung-lü-shu, Tchong Loeuil Iu = „Zustimmungspunkt für die mittlere Rückenregion".
Lokalisation: 1 1/2 Cun lateral der Medianen, in Höhe des Unterrandes des 3. Sakralwirbels. (Median davon, im 3. Sakralloch liegt B 33).
Punktur: 3 Fen–1 Cun senkrecht.
Indikationen: locoregional: Schmerzen lumbal und sacral, Ischialgien.
allgemein: Spezialpunkt gegen Enterocolitiden, Meteorismus mit Flankenschmerzen.

B 30: pai-huan-shu, Po Oann Iu = „Zustimmungspunkt des weißen Gürtels".
Lokalisation: 1 1/2 Cun lateral der Medianen, in Höhe des Unterrandes des 4. Sacralwirbels. (In dieser Höhe liegen auch LG 2, B 34 und B 49).
Punktur: 3 Fen–1 Cun senkrecht.
Indikationen: locoregional: Schmerzen in der Sacralgegend, Ischialgien, auch mit Sensibilitätsstörungen.
überregional: Obstipation, Harnverhaltung.
allgemein: Punkt für gynökologische Erkrankungen.

B 31: shang-chiao, Chang Tsiao = „Obere Grube".
Funktion: Reunionspunkt mit dem Gallenblasenmeridian, mit G 30. „Meisterpunkt" des Klimakteriums.
Lokalisation: Im 1. Sacralloch, in dessen distalem, medialem Quadranten.
Punktur: 5 Fen–3 Cun senkrecht.
Indikationen: locoregional: Kreuzschmerzen, Ischias, ischialgiforme Schmerzen im Bereich unterhalb des Punktes mit besonders hoher Kälteempfindlichkeit, Lumbago.
überregional: Zyklusstörungen, chronischer Fluor, Parametritis, Adnexitis, Sterilität, Frigidität, Descensus uteri, Orchitis, Impotenz, Dysurie.
Erbrechen, Obstipation, Haemorrhoiden, Neurasthenie im Klimakterium.
allgemein: Starke hormonelle Wirkung, eutonisierend.
Tradition: *Häufig mit MP 6, „konsolidiert das Altern", auch gegen Klimakterium virile.*

B 32: tzu-liao, Tseu Liou = „Zweite Grube, Loch".
Lokalisation: Im Mittelpunkt des 2. Foramen sacrale.
Punktur: 5 Fen–3 Cun senkrecht.
Indikationen: Wird in der neueren chinesischen Literatur fast ausschließlich statt des uns geläufigeren B 31, meist mit denselben Indikationen verwendet.

B 33: chung-chiao, Tchong Liou = „Mittleres Loch".
Lokalisation: Im 3. Foramen sacrale.
Punktur: 5 Fen–1 Cun senkrecht.
Indikationen: Siehe B 31.

B 34: hsia-chiao, Cha Liou = „Unteres Loch".
Lokalisation: im 4. Foramen sacrale.
Punktur: 5 Fen–1 Cun senkrecht.
Indikationen: Siehe B 31.

B 35: hui-yang, Roe Yang = „Yang-Reunion".
Lokalisation: Am Außenrand des Steißbeines, in Höhe des Sacro-Coccygealgelenkes, 5 Fen lateral von der Medianlinie.
Punktur: 5 Fen–1 Cun senkrecht.
Indikationen: locoregional: Kreuzschmerzen während der Menstruation.

überregional: Fluor, Durchfälle, chronische Haemorrhoiden, Impotenz durch Yang Mangel.

B 36: ch'eng-fu, Tschreng Fou = „Spalte, Rinne des Fleisches".
Lokalisation: In der Mitte der Glutealquerfalte (identisch mit dem Valleyschen Druckpunkt).
Punktur: 1—2 Cun senkrecht.
Indikationen: locoregional: Ischias, Kreuz- und Rückenschmerzen.
Obstipation, chronische Haemorrhoiden, Harnverhaltung, Dysurie.
allgemein: Wichtiger Punkt für die Ischiasbehandlung.

B 37: yin-men, Yann Menn = „Pforte des Purpurs, des Reichtums".
Lokalisation: In der Mitte der Rückseite des Oberschenkels, 6 persönliche Cun oberhalb der dorsalen Kniegelenksfalte.
Punktur: 7 Fen—3Cun senkrecht.
Indikationen: locoregional: Kreuz- und Rückenschmerzen, Ischias, Hilfspunkt bei Paresen der unteren Extremitäten.

B 38: fu-hsi, Fao Keu = „Oberflächliche Rinne".
Lokalisation: 1 Cun oberhalb des lateralen Endes der dorsalen Kniegelenksquerfalte = 1 Cun oberhalb B 39.
Punktur: 1 Cun senkrecht.
Indikationen: locoregional: Muskelspasmen und Sensibilitätsstörungen im Oberschenkel und Hüftbereich.
überregional: Cystitis, spastische Obstipation.

B 39: wei-yang, Oe Yang = „Yang-Gleichgewicht".
Funktion: Gilt als Ho-Funktion auf den unteren der 3 Erwärmer- = Darmbereich, Urogenitaltrakt, über B 39 direkte Einwirkung möglich.
Lokalisation: An der lateralen Seite der Kniegelenksfalte, 2 Cun neben B 40, an der Innenseite der dort deutlich tastbaren lateralen Sehne.
Punktur: 5 Fen—1 Cun senkrecht.

Indikationen: locoregional: Krämpfe und Kontrakturen der Muskulatur des Ober- und Unterschenkels.
überregional: Kreuz- und Rückenschmerzen, Nieren und Harnleiterkolik.
allgemein: Bei allen spastischen Zuständen, alle Schwächezustände, auch sexuelle. Beklemmungsgefühl.

B 40: wei-chung-(yang), Oe Tchong = „Vollkommenes Gleichgewicht".
Funktion: Ho-Punkt des Blasenmeridians, **Stoffwechselpunkt.** Testpunkt für alle Gonarthralgien.
Lokalisation: In der Mitte der Kniegelenksquerfalte und damit in einer meist tastbaren Vertiefung in der Mitte der Kniekehle, über der A. poplitea.
Punktur: 5 Fen–1 Cun senkrecht. Moxibustion nur links indiziert (beim Rechtshänder).
Indikationen: locoregional: Gonarthrosen, Ischias, aber auch Coxarthrosen, Kraftlosigkeit der Beinmuskulatur rheumatische Beschwerden, Paresen, Kontrakturen der unteren Extremitäten.
überregional: Schmerzen in der LWS Nierenregion, Miktionsstörungen.
allgemein: Als Allergiepunkt – Antihistaminpunkt, starke Wirkung bei allen Hautkrankheiten wie generalisierte Ekzeme, Akne, Furunkulose, Pruritus, Haarausfall, übermäßige Schweißsekretion.
Tradition: *Bei diesen Indikationen soll es günstig sein, die Stichwunde etwas nachbluten zu lassen.*

B 41: fu-fen, Fou Fenn = „Am Rande des Muskels".
Funktion: Reunionspunkt mit dem Dünndarm-Meridian.
Lokalisation: 3 Cun lateral der Medianlinie in Höhe des Unterrandes des 2. BWD = 1 1/2 Cun lateral von B 12.
Punktur: 3 Fen senkrecht, oder bis zu 8 Fen schräg nach abwärts.
Indikationen: locoregional: Nackenschmerzen, Kontrakturen in diesem Bereich, Schulter- und Armneuralgien.

B 42: p'o-hu, Po Rou = „Tor der Seele".
Lokalisation: 3 Cun lateral der Medianlinie, dem Tou Mo, in Höhe des Unterrandes des 3. BWD.
Punktur: 3 Fen senkrecht oder bis zu 8 Fen schräg nach abwärts.
Indikationen: locoregional: Schmerzen im Schulterblattbereich, Thoraxschmerzen.
überregional: Bronchitis, Asthma bronchiale, Pleuritis, Tbc pulmonum, Brechreiz, Erbrechen.
Bemerkung: B 42 liegt im selben Segment, annähernd in derselben Höhe wie B 13 = Fei lu = „Zustimmungspunkt der Lungen" und hat daher weitgehend ähnliche Indikationen.

B 43: kao-huang-(shu), Kao Roang = „Zustimmungspunkt der Lebenszentren".
Lokalisation: 3 Cun lateral des unteren Randes des 4. BWD oder am oberen Rand der 4. Rippe, auf der Verlängerung der Spina scapulae, 3 Cun seitlich der dorsalen Medianlinie. — Der Patient muß dazu sitzen und einen „Katzenbuckel" machen, dann erst wird der Punkt zugänglich. Exakte Lokalisation ist besonders bei diesem Punkt wichtig!
Punktur: 5 Fen schräg in Richtung zur Scapula. **Kollapsgefahr** bei der Punktur einkalkulieren! Häufige Moxibustion wird bei entsprechender Indikation empfohlen.
Indikationen: locoregional: Chronische Bronchitis, reichliches Bronchialsekret, Krampfhusten, Lungen Tbc. Pleuraerkrankungen.
überregional: Gedächtnisschwäche, Neurasthenie, depressive Stimmung.
allgemein: Erschöpfung, allgemeine Schwäche, alle Anaemieformen, auch sekundäre Anaemien, Rekonvaleszenz, Steigerung der Abwehrkräfte. Bei diesen Indikationen oft zusammen mit KG 6, M 36, Di 4, Di 11, LG 14.
Die Massage des Punktes hat ebenfalls belebende Wirkung.

Bemerkung: Der Punkt wird erst seit der Tchun-Dynastie erwähnt, jedoch sind sich alle Autoren über seine Wichtigkeit einig. Es wird ihm eine Iu-Funktion, d.h. eine Wirkung, die jener eines Zustimmungspunktes gleicht, auf die Lebenszentren zugeschrieben. YANG bezeichnet ihn als einen Punkt gegen 100 Krankheiten, DE LA FUYE als haematopoetischen Punkt. Wir verwenden ihn als wichtigen, allgemein tonisierenden Punkt.

B 44: shen-t'ang, Chenn Tsrang = „Atrium des shen".
Lokalisation: 3 Cun lateral des Tou Mo, in Höhe des Unterrandes des 5. BWD.
Punktur: 3 Fen senkrecht oder 5 Fen schräg.
Indikationen: locoregional: Schulter- und Rückenschmerzen.
überregional: Bronchitis, Asthma bronchiale, Beklemmungsgefühl, Singultus, Cardiopathien, hier zusammen mit KG 14, B 15, M 16, KS 7.

B 45: i-shi, Hi Chi = „Ah ja" Schmerzäußerung bei Druckempfindlichkeit.
Lokalisation: 3 Cun lateral des Tou Mo, in Höhe des Unterrandes des 6. BWD.
Punktur: 5 Fen senkrecht oder bis zu 1 Cun schräg, Nadel abwärts gerichtet.
Indikationen: locoregional: Schmerzen im Rücken und intercostal, die das Liegen behindern, Flankenschmerzen.
überregional: Cardiopathien, Asthma bronchiale, Dyspnoe, Beklemmungsgefühl, Singultus, Erbrechen, Schwindelgefühl, Erschöpfungszustände, abnorme Müdigkeit.

B 46: ko-kuan, Ko Koann = „Zwerchfellgrenze".
Lokalisation: 3 Cun lateral des Tou Mo, in Höhe des Unterrandes des 7. BWD. (Patienten aufrecht stehen lassen!)
Punktur: 5 Fen senkrecht oder bis zu 1 Cun schräg, Nadel abwärts gerichtet.
Indikationen: locoregional: Paravertebrale Schmerzen, Intercostalneuralgien.
überregional: Singultus, Erbrechen, Dyspnoe, asthmoide Zustände, Schluckbeschwerden.

B 47: hun-men, Iuenn Menn = „Tor der Seele".
Lokalisation: 3 Cun lateral des Tou Mo, in Höhe des Unterrandes des 9. BWD.
Punktur: 5 Fen senkrecht oder bis zu 1 Cun schräg, Nadel abwärts gerichtet.
Indikationen: locoregional: Regionale Muskelschmerzen.
überregional: Pleuralgien, Cardiopathien, Hepatopathien, Schmerzen im Oberbauch, Verdauungsstörungen aller Art, Flatulenz, Tympanismus, Diarrhoe.

B 48: yang-kang, Yang Kang = „Präzisierung des Yang".
Lokalisation: 3 Cun lateral des Unterrandes des 10. BWD.
Punktur: 5 Fen senkrecht oder bis zu 1 Cun schräg, Nadel abwärts gerichtet.
Indikationen: überregional: Dyspepsie, Meteorismus, Appetitlosigkeit, Durchfälle, Erbrechen, Hepatopathien, Abmagerung, allgemeine Asthenie, Miktionsbeschwerden.

B 49: Yi-she, Hi Se = „Haus der Ideen, der Phantasie".
Lokalisation: 3 Cun seitlich des Unterrandes des 11. BWD.
Punktur: 5 Fen senkrecht oder bis zu 1 Cun schräg, Nadel abwärts gerichtet.
Indikationen: locoregional: Rückenschmerzen.
überregional: Verdauungsstörungen mit Flatulenz, Brechreiz, Hepatopathien, Singultus.

B 50: wei-ts'ang, Oe Tsrang = „Speicher des Magens".
Lokalisation: 3 Cun lateral des Unterrandes des 12. BWD.
Punktur: 5 Fen senkrecht oder bis zu 1 Cun schräg, Nadel abwärts gerichtet.
Indikationen: locoregional: Schmerzen paravertebral.
überregional: Magenschmerzen, Meteorismus, Erbrechen, Obstipation, Hilfspunkt gegen Ascites, mit N 3, N 7, KG 9, Le 13.

B 51: huang-men, Roang Menn = „Pforte der Lebenszentren".
Lokalisation: 3 Cun lateral des Unterrandes des 1. LWD.
Punktur: 5 Fen—1 Cun senkrecht.
Indikationen: überregional: Oberbauchschmerzen, Hepato-lienales Syndrom, Obstipation, Stillschwierigkeiten jeglicher Genese, Mastitis.

B 52: chih-shih, Tche Che = „Sitz des Willens".
Lokalisation: 3 Cun seitlich der Spitze des 2. LWD.
Punktur: 5 Fen—1 Cun senkrecht.
Indikationen: locoregional: Unterstützend zur Rheumabehandlung, Rückenschmerzen im Lumbalbereich.
überregional: Nephropathien, Miktionsbeschwerden, Pollutionen, Impotenz, alle Urethritisformen, Entzündungen und Schwellungen der Genitalien. Speisen können kaum geschluckt werden, Verdauungsstörungen, Brechreiz, Diabetes mellitus, vermindert die Insulinresistenz, bessert das Durstgefühl.
Angstpsychosen.
Alle chronischen Hautkrankheiten, starker Juckreiz, besonders jedoch nässende Dermatosen.
allgemein: Wirkung auf die Nebennierenfunktion, Allergie, Antikörper. Siehe B 23.

B 53: pao-huang, Pao Roang = „Umhüllte Eingeweide".
Lokalisation: 3 Cun lateral des Unterrandes des 2. SWD = Sacralwirbeldornfortsatzes.
Punktur: 5 Fen—1 Cun senkrecht.
Indikationen: locoregional: Lenden- und Rückenschmerzen.
überregional: Schmerzen in den Nierenlagern, Harnretention, Affektionen des inneren und äußeren weiblichen Genitales mit Entzündung und Schwellung.
Schmerzen und Krämpfe im Abdomen mit Flatulenz, Obstipation.

B 54: chih-pien, Tie Pinn = „Rand des 4. Sacralwirbels".
Lokalisation: 3 Cun lateral von der Unterkante des **4.** SWD neben dem Hiatus sacralis, in Höhe von B 34.
Punktur: 8 Fen—15 Cun senkrecht.
Indikationen: locoregional: Untere Lendenschmerzen, Coccygodynie, Ischialgie.
überregional: Alle Formen des Haemorrhoidalleidens, Sensibilitätsstörungen und auch Lähmungen im Bereich der unteren Extremitäten, Harnblasenleiden, Reizblase.

B 55: ho-yang, Ro long = „Vereinigung des Yang".
Lokalisation: 2 Cun unterhalb der Mitte der Kniekehle = 2 Cun unter B 54.
Punktur: 6 Fen—1 Cun senkrecht.
Indikationen: locoregional: Muskelspasmen, Durchblutungsstörungen, und Muskelschwäche der Unterschenkel.
überregional: Schmerzen in der Lendenregion, Schmerzen durch Hernien.
Hypermenorrhoe nach der Menarche.
Bemerkung: Ab B 55 stimmt die unterschiedliche Numerierung des Blasenmeridians wieder überein!

B 56: ch'eng-chin, Sing Tinn = „Muskelstütze".
Lokalisation: Dorsal, in der Mitte zwischen B 55 und B 57 = 4 Cun unter B 54.
Punktur: 1—2 Cun senkrecht.
Indikationen: locoregional: Spasmen und Kontrakturen im Unterschenkel.
überregional: Rücken- und Lendenschmerzen, Haemorrhoidalbeschwerden, Obstipation.
Tradition: *In alten Texten Punktur verboten, nur Moxibustion erlaubt.*

B 57: ch'eng-shan, Sing Sann = „Stützmuskel, Bergstütze", wird auch Yu Foc = „Fischbauch" genannt.
Lokalisation: An der Hinterseite des Unterschenkels, ca. in dessen Mitte, an der Verbindungsstelle der Muskelwülste, des M. gastrocnemius, in einer Vertiefung. Patienten auf Ferse stehen lassen!
Punktur: 7 Fen—2 Cun senkrecht.
Indikationen: locoregional: Schmerzen im Unterschenkel, in Ferse und Fuß, Myalgien, Spasmen, Schwellung des Kniegelenkes, Durchblutungsstörungen im Bereich des Unterschenkels und des Fußes.
überregional: Schmerzen in der Nierenregion, Appetitverlust, Dysenterie, Verdauungsstörungen
allgemein: Haemorrhoiden (ev. mit LG 1), Obstipation.
Mit MP 9 bei hochgradiger Appetitlosigkeit, die mit Durchfällen einhergeht.
Mit G 34 bei Muskelspasmen eventuell zusätzlich mit B 60 bei traumatisch bedingten Schmerzen im Unterschenkelbereich.

B 58: fei-yang, Fei lang = „Wendung, Aufschwung des Yang".

Funktion: **Durchgangs-** = Passage- = Lo-Punkt des Meridians. Verbindung über Lo-Transversale zum Quell- = Iu-Punkt des gekoppelten Nierenmeridians = N 3. Ermöglicht Energieausgleich zwischen diesen beiden Meridianen. **Stoffwechselpunkt** besonders für rheumatisches, spastisches und algisches Geschehen im Bereich der unteren Extremität.

Lokalisation: 7 Cun oberhalb von B 60, am lateralen Rand des M. gastrocnemius — oder: in der Mitte einer Linie vom äußeren Knöchel zum Kniegelenksspalt, an der äußeren hinteren Seite des Gastrocnemius.

Punktur: 5 Fen–1 Cun senkrecht.

Indikationen: locoregional: Durchblutungsstörungen der Beine, Claudicatio intermittens, rastlose Füße, arthrotische und arthritische Beschwerden in den Knie- und Sprunggelenken, sowie der Füße.
Muskelkontraktionen und Muskelschwäche, Peronaeuslähmung, Sensibilitätsstörungen.
überregional: Nephropathien, Cystitis, entzündete und schmerzhafte Haemorrhoiden, Kopfschmerzen, Augenschmerzen mit Flimmern, Epistaxis.

B 59: fu-yang, Fou Yang = „Yang des Fußknochens".

Lokalisation: 3 Cun oberhalb und etwas hinter dem äußeren Knöchel = senkrecht über dem folgenden Punkt B 60.

Punktur: 5 Fen–1 Cun senkrecht, ober subcutaner Durchstich in Richtung auf B 60 zur Reizverstärkung.

Indikationen: locoregional: Schmerzen in der Knöchel- und Fersengegend, auch Schwellungen.
überregional: Ischialgien, Kreuz-, Lenden-, Hüftschmerzen, Sensibilitätsstörungen in diesem Bereich. Kopfschmerzen, Benommenheit.

B 60: k'un-lun, Kroun Loun = Gebirgszug in Tibet, auch „Rücken des Landes" genannt.

Funktion:	„Meisterpunkt" für alle Schmerzen im Bereiche des B-Meridianverlaufes, beeinflußt den Tonus der Rückenmuskulatur.
Lokalisation:	In der Mitte einer gedachten horizontalen Linie, zwischen der Spitze des äußeren Knöchels und der Achillessehne, oder: in einer Vertiefung zwischen Achillessehne und äußerem Knöchel, oberhalb des Fersenbeines.
Punktur:	4 Fen—1 Cun senkrecht.
Indikationen:	locoregional: Kontrakturen, muskuläre und arthritische Schmerzen im Unterschenkel — Sprunggelenk — Ferse, die das Auftreten mit dem Fuß unmöglich machen, Ödeme der Unterschenkel, Ichialgien, Sensibilitätsstörungen.
	überregional: Schulter- und Rückenschmerzen, besonders in der Nierenregion, Kopfschmerzen, Schwindel, Krämpfen bei Kindern, Tic. Starke Augenschmerzen mit Flimmern, Epistaxis.
	Husten mit Atembeschwerden.
	Herzschmerzen, in den Rücken ausstrahlend. Schmerzen und Schwellungen in der Genitalregion, schwierige Entbindung, Placentaretention.
	allgemein: Alle Schmerzen im Verlaufe des B-Meridians können von B 60 beeinflußt werden. Prostaglandin E2-Wirkung.
Bemerkung:	B 60 soll nur mit Vorsicht bei einer Schwangeren gestochen werden, da bei Neigung zum Abortus ein solcher provoziert werden kann.
	Bei intakter Schwangerschaft besteht keine Kontraindikation.
B 61:	p'u-ts'an, Pou Sann = „Hilfe der Diener".
Lokalisation:	1 1/2 Cun senkrecht unter B 60 in einer Vertiefung.
Punktur:	3—5 Fen senkrecht.
Indikationen:	Schwellung und Schmerzen in der Knöchelgegend, Tatalgie, Kraftlosigkeit der unteren Extremitäten (siehe chinesischen Namen).
B 62:	shen-mo, Chenn Mo = „Gefäß der Chenn Stunde = 15—17 Uhr". Der Punkt wird auch Yang-Keo genannt.

Funktion: Kardinal- = Schlüsselpunkt für das außergewöhnliche Gefäß „Wundergefäß" Yang Tsiao Mo = Yang Keo.
Lokalisation: In einer Vertiefung, unterhalb des äußeren Knöchels, 1 Cun von der Knöchelspitze aus gemessen, dort wo die Hautfarbe von rötlich in weiß übergeht.
Punktur: 2—5 Fen senkrecht.
Indikationen: locoregional: Neuralgien, Muskelkontrakturen, Schwäche in den Beinen, Verstauchung, Knöchelschmerz mit Schwellung.
Kraftlosigkeit der unteren Extremitäten.
überregional: Lendenschmerzen, Augenschmerzen, Windempfindlichkeit, Epistaxis, Tinnitus.
resistente Kopfschmerzen, Schwindel, auch meniereforme, epileptiforme Anfälle.
allgemein: B 62 gilt als Spezialpunkt gegen nervöse Schlaflosigkeit, Neurasthenie mit Schwächezuständen, prämenstruelle nervöse Störungen, Spannungszustände, da er als Kardinalpunkt eingesetzt G 20 kontaktiert.
Bei diesen Indikationen vorteilhaft zusammen mit N 6, dem Kardinalpunkt für das Yin Tsiao Mo = Yin Keo.

B 63: chin-men, Tchinn Menn = „Goldpforte".
Funktion: Reunionspunkt mit dem außergewöhnlichen Gefäß Yang Oe.
Lokalisation: 1 Cun schräg nach vorne und unten von B 62, in einer Vertiefung.
Punktur: 2—5 Fen senkrecht.
Indikationen: locoregional: Sprunggelenksschmerzen, Knöchelödeme.
überregional: Muskelspasmen der unteren Extremitäten, Schmerzen im Kniegelenk.
frontale Kopfschmerzen, Hypakusis, epileptiforme Anfälle, Konvulsionen bei Kleinkindern.

B 64: ching-ku, Tsing Kou = „Hauptknochen".
Funktion: Als **Quellpunkt** steht B 64 mit dem Durchgangspunkt = Lo-Punkt des Nierenmeridians, dies ist N 4 in Verbindung.
Lokalisation: Am äußeren Fußrand, hinter der proximalen Tuberositas des Os metacarpale V.

Punktur: 2—5 Fen senkrecht.
Indikationen: überregional: Nackensteife, Rückenschmerzen mit dem Maximum in der Nierenregion, rheumatoide Gelenkschmerzen, besonders bei Wetterwechsel, Crampi.
Blasenspasmen, Cystitis.
Müdigkeit — der Kranke will weder essen noch trinken, zersprengende Kopfschmerzen, Sprechschwierigkeiten beim Artikulieren, depressive Zustände.
Augenflimmern, Augenschmerzen, Konjunktivitis.
Unstillbares Nasenbluten.
Herzschmerzen mit Gähnzwang.

B 65: shu-ku, Tchou Kou = „Knochen, der dem Stiefel anliegt".
Funktion: **Sedativpunkt des Meridians.**
Lokalisation: Am äußeren Fußrand, unmittelbar proximal des Grundgelenks der kleinen Zehe, in einer Vertiefung.
Punktur: 2—5 Fen senkrecht.
Indikationen: überregional: Nackenschmerzen, Torticollis, starke Schmerzen in der Nierengegend, Hüftschmerzen besonders beim Beugen, Crampi — das Bein ist wie abgestorben.
Durchfälle, Haemorrhoiden.
Kopfschmerzen, Epilepsie, Müdigkeit
Catarrhalische Konjunktivitis, ständiger Tränenfluß.
Hypakusis.

B 66: t'ung-ku, Tong Kou = „Talgrund".
Lokalisation: Äußerer Fußrand, knapp vor dem Gelenkspalt am Ende des Os metatarsale V.
Punktur: 2—3 Fen senkrecht.
Indikationen: überregional: Kopfschmerzen, Nackenschmerzen, Augenflimmern, Nasenbluten, Dyspeptische Beschwerden, Schwäche des Sphinkter ani.

B 67: chih-yin, Tche Inn = „Ankunft beim Yin".
Funktion: **Tonisierungspunkt** des Meridians, TING-Punkt.

	Ausgangspunkt für den tendino-muskulären B-Meridian.
Lokalisation:	1 Fen proximal und lateral vom äußeren Nagelfalzwinkel der kleinen Zehe.
Punktur:	1 Fen senkrecht oder Moxibustion, bes. zur Geburtserleichterung.
Indikationen:	locoregional: Arthralgien des Fußes, Hitze der Fußsohle.
	überregional: Psychasthenie, depressive Verstimmung, Angst, Erschöpfung, Stirnkopfschmerzen. Schleier vor den Augen, Augenflimmern, Konjunktivitis, besonders bei Schmerzen am inneren Augenwinkel. Epistaxis, Hypakusis, Tinnitus. Bronchitis mit Beklemmungsgefühl. Hypotonie, Vasoneurose. Magenatonie, Schwäche des Sphinkter ani. Blasenatonie, Harninkontinenz, Sphinkterschwäche.
	Spezialpunkt für schwere Geburt, zur Geburtserleichterung, verzögerte Placentalösung.
Tradition:	*Zitat aus NEI KING: Wenn Schmerzen verspürt werden, gleichgültig wie stark und an welchem Punkt des Körpers, dann soll man diesen Punkt sedieren. Zerschlagenheitsgefühl mit herumziehenden Schmerzen.*

Meridian der Nieren (shen)

Tsou Chao Yin = Kleines Yin des Fußes = The leg lesser Yin-Meridian.

Abkürzungen in der Literatur: N = Niere, R = rein, K = kidney.

Nach internationaler Nomenklatur = Nr. VIII.

Meridian eines Tsang = Speicher- = Vollorgans, daher Yin.

Energieverlauf zentripetal. Der Meridian erhält seine Energie von seinem gekoppelten Yang-Partner, dem Blasenmeridian und gibt sie an den KS = Kreislauf-Sexualität-Meridian weiter.

Chronobiologie:
Optimalzeit zur Tonisierung 19–21 Uhr.

Sein Zustimmungspunkt = IU = Pei shu ist B 23, 1 1/2 Cun lateral der dorsalen Medianlinie in der Höhe des Dornfortsatzes des II. LWK.

Sein Alarm- = Herolds- = Mo = Mu-Punkt ist G 25, am freien Ende der 12. Rippe gelegen.

Sein äußerer Verlauf ist durch 27 Punkte gekennzeichnet (Abb. 8).

Verlauf: Der Meridian beginnt nach manchen Autoren am inneren Nagelwinkel der Kleinzehe. Nach der Mehrzahl der Autoren, so auch nach CHAMFRAULT und nach NEI KING (Kap. 10) sowie nach der modernen chinesischen Literatur nimmt er seinen Anfang an der Fußsohle, zwischen Groß- und Kleinzehenballen. Von hier besteht über ein Sekundärgefäß Verbindung zum inneren Nagelwinkel der kleinen Zehe. Er wendet sich als Yin-Meridian auf der Innenseite des Fußes, steigt zum inneren Knöchel. (Für seinen Verlauf in dieser Region gibt es nicht weniger als 6 verschiedene Angaben!)

Von hier zieht er entlang der hinteren Tibiakante über die innere Wadenpartie nach oben zur medialen Kniegelenksfalte (zwischen M. semimembra-

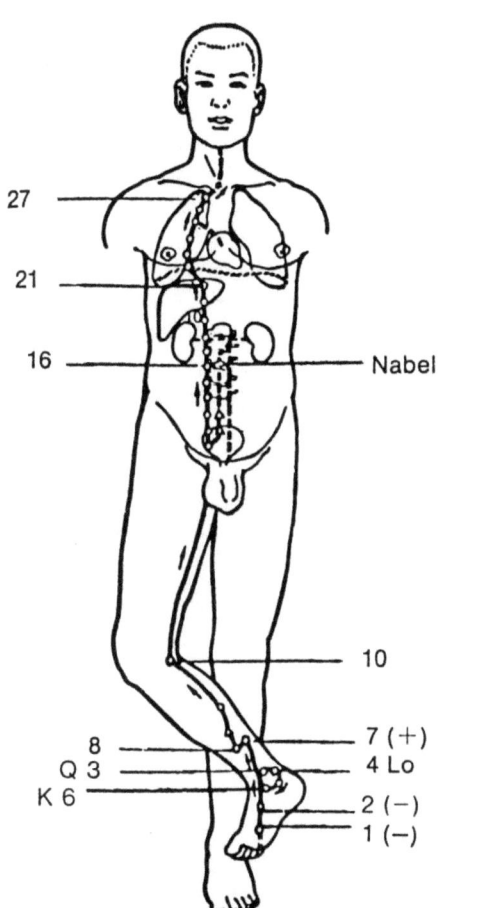

Abb. 8

Meridian der Niere

Tonisierungspunkt	= N 7
Sedativpunkte	= N 1, N 2
Quellpunkt	= N 3
Durchgangspunkt (Lo)	= N 4 zu B 64
Zustimmungspunkt	= B 23
Alarmpunkt	= G 25
Kardinalpunkt zur Einschaltung des „Wundermeridians" Yin Tsiao Mo	= N 6

naceus und M. semitendineus) und erreicht weiterziehend über die Innenseite des Oberschenkels die Perinealregion. Der äußere Verlauf geht nun weiter zwischen der ventralen Medianlinie und dem Magenmeridian über das Abdomen (auch für seinen Verlauf in dieser Region bestehen 3 verschiedene Angaben, was die Entferung des Meridians von der Medianlinie betrifft. Die richtige Entfernung des Verlaufs beträgt 0,5 Cun — transversale Cun für Thorax und Abdomen — lateral der Medianlinie) und dann parasternal über den Thorax nach aufwärts, um mit seinem 27. Punkt an der Articulatio sterno-clavicularis zu enden.

Tradition: *In der Tradition war für die Rolle der Niere innerhalb des Gesamtorganismus die Teilung in zwei Funktionsbereiche — nämlich als ,,Wasserniere'' und als ,,Feuerniere'' = Nebenniere — maßgebend.*
Sie galt als Organ der Potenzierung jener Kraft, von welcher die Fertigkeiten abhängig sind, als Organ, das den Willen beherrscht, als Regulator des Winterschlafes und ähnlicher Latenzphasen. Sie wurde als Fundament der angeborenen Konstitution angesehen und wie das Herz als ,,adeliges'' Organ besonders hervorgehoben, im Hinblick auf die Gefahren, die dem Organismus bei einem Versagen des Organs drohen.
Der Wandlungsphase Kälte, Wasser zugeordnet, ,,regiert'' die Niere die Knochen, das Knochenmark (Blutgruppen!), hat Einfluß auf das Gehör, das Haupthaar, auf Anus und Urethra und die Speichelbildung. Von den psychischen Regungen entspricht ihr die Furcht bis zur panischen Angst.
Im Nierenmeridian entfaltet sich die physiologische Funktion des Menschen (PORKERT).

N 1: yung ch'üan, long Tsiuann = ,,Sprudelnde Quelle''.
Funktion: Ting-Punkt Anfang des TMM der Niere, **1. Sedativpunkt.**
Lokalisation: Wenn man die Fußsohle, ohne Zehen, durch gedachte Horizontallinien in drei gleiche Teile teilt, liegt N 1 auf der distalen Linie, in deren Mitte, zwischen den Zehenballen. Arbeitstip zur präzisen Lokalisierung: Patienten auf Sessel etc. knien lassen, Zehen nach dorsal flektieren, Punkt

	anzeichnen. Der Stich kann dann beim liegenden Patienten erfolgen.
Punktur:	3—5 Fen senkrecht.
Indikationen:	locoregional: Schmerzen im Vorfuß, in den Zehen, sogenannte rastlose Füße (restless legs).
	überregional: Cystitis, Pyelitis, Nierenfunktionsstörungen, Schmerzen in der Nierengegend mit Ausstrahlung zur Innenseite des Oberschenkels, Descensusbeschwerden, Hungergefühl, dabei Ekel vor Speisen, trockene Zunge, geblähtes Abdomen mit periumbilicalen Schmerzen, spastische Obstipation.
	unstillbares Nasenbluten, Angina, Laryngitis, Atembeschwerden mit großem Durstgefühl, febrile Bronchitis, Unbehagen in der Herzgegend, aber auch „brutale" Herzschmerzen, Palpitationen.
	Excessive Kopfschmerzen — vorwiegend Scheitelkopfschmerzen, alle Formen der Epilepsie, Angst, Ohnmacht, Bewußtlosigkeit, Sonnenstich, Hitzschlag, bei cerebralen Insulten, Konzentrationsunfähigkeit, Gedächtnisschwäche, Hysterie.
	allgemein: Die Punktur von N 1 wirkt rasch schweißtreibend.
Bemerkung:	Der an sich wichtige Punkte wird in westlichen Ländern wegen der Schmerzhaftigkeit des Stiches, die durch seine Lokalisation bedingt ist, nur selten verwendet.
Tradition:	*Einer der sogenannten Reanimationspunkte gegen krisenhafte Zustände wie H 9, KS 9, LG 26.*

N 2:	jan-ku, Jenn Kou = „Erleuchtendes Tal", auch „Schlangenquelle".
Funktion:	2. Sedativpunkt, Stoffwechselpunkt.
Lokalisation:	An der Innenseite des Fußes, knapp unterhalb der Tuberositas des Os. naviculare, in einer kleinen Vertiefung.
Punktur:	3 Fen senkrecht.
Indikationen:	locoregional: Rheumatische Beschwerden der unteren Extremitäten, Hauptpunkt für Schwellun-

gen im Bereich des Vorfußes und in der Knöchelgegend, brennend heiße Füße in der Nacht.
überregional: Nephropathien, Cystitis, Urethritis, Harninkontinenz, Spermatorrhoe, Scrotalschmerzen, Vaginitis, Vulvitis, Pruritis vulvae, Menstruationsstörungen, Sterilität.
Großer Durst, je mehr man trinkt, umso mehr Durst hat man, geblähtes, schmerzhaftes Abdomen, akute Durchfälle.
Schwellung und Schmerzhaftigkeit des Oropharynx, Schluckbeschwerden.
Dyspnoe, Völlegefühl und Unbehangen im Brustbereich.
Angst, Weinerlichkeit, aber auch Neigung, übereilte Entscheidungen zu treffen.
Bei Kindern: Nervöse Krisen, Tic's, Appetitmangel, Verdauungsstörungen.
allgemein: Schweißregulierend bei übermäßiger Neigung zum Schwitzen, Haematome etc. nach Traumen, Störungen der Blutgerinnung.

N 3: t'ai-hsi, Tae Ki = „Höchste Talmulde", „Höchster Wassergraben".

Funktion: **Quellpunkt** — energetische Verbindung zum Lo = Durchgangspunkt des gekoppelten Yangpartners, das ist der 58. Punkt des Blasenmeridians.

Lokalisation: Der Punkt liegt über dem Calcaneus, 0,5 Cun hinter dem inneren Knöchel, in einer Vertiefung, dort wo man das Pulsieren der A. tibialis posterior tasten kann. Der Punkt N 3 auf der Innenseite liegt praktisch dem B 60 auf der Außenseite gegenüber.

Punktur: 3 Fen.

Indikationen: locoregional: Atonie der Unterschenkel- und Fußmuskulatur, auch Sensibilitätsstörungen.
überregional: Neophropathien, Cystitis, Harninkontinenz, Vaginitis, Menstruationsstörungen.
Schwere degenerative Erkrankungen mit progredienter Schwäche des Allgemeinzustands, Icterus

mit Erschöpfungszuständen, Durchfälle, Diabetes mellitus mit progressiver Abmagerung.
Halsentzündungen, stechende Herzschmerzen.
Krampfhusten mit Atemnot, katarrhalische Bronchitis.
Schlafsucht oder Schlaflosigkeit, ständiges Gähnen und Seufzen. **Spezialpunkt** gegen Odontalgien.
allgemein: Mit N 7 (Tonisierungspunkt) gegen allgemeine Müdigkeit, bei degenerativen Erkrankungen und zur Rheumabehandlung.

N 4: ta-chung, Ta Tchong = „Große Reunion".
Funktion: Lo = **Durchgangs-** = Passage- = Anknüpfungspunkt des Nierenmeridians mit energetischer Verbindung zum Quellpunkt des gekoppelten Yangpartners, also zu B 64, über das transversale Lo-Gefäß.
Lokalisation: Vom hinteren Knöchelrand aus gerechnet 1/2 Querfinger hinter dem inneren Knöchel, am Oberrand des Calcaneus, zwischen 2 Sehnen, 0,5 Cun unter N 3.
Punktur: 3—5 Fen senkrecht.
Indikationen: locoregional: Schmerzen im Bereich der Ferse und des Sprunggelenks.
überregional: Blasenatonie, aber auch Blasenspasmen, Reizblase, Miktionsstörungen.
Völlegefühl im Brustraum, Husten, Dyspnoe, Hypertonie, spastische Stenocardie, Herzklopfen, sympathicotone Kreislaufstörungen, Schlafsucht, Apathie, Weinerlichkeit, der Kranke will allein gelassen werden.
Globusgefühl.
allgemein: Kältescheu, der Patient sieht immer nach, ob alle Türen und Fenster geschlossen sind, allgemeiner Energiemangel, eventuell auch zur Umstimmung bei der Rheumatherapie.

N 5: shui-ch'üan, Choe Tsuann = „Wasserquelle".
Lokalisation: 1 Cun unterhalb von N 3 = medial von der Tuberositas calcanei.

Punktur: 3—5 Fen senkrecht.
Indikationen: überregional: Urethritis, Cystitis, Miktionsstörungen, Menstruationsirregularität, Dysmenorrhoe bei jungen Frauen, Descensusbeschwerden. Hilfspunkt bei der Behandlung von Sehstörungen mit Le 3, Le 8, B 1, B 10, B 18, G 1.

N 6: chao-hai, Tchao Hae = „Erleuchtetes Meer".
Funktion: **Kardinalpunkt** = Schlüsselpunkt für das außergewöhnliche Gefäß, „Wundergefäß" Yin Tsiao Mo = Yin Keo. **Stoffwechselpunkt.**
Lokalisation: 1 Querfinger = 0,4 Cun direkt unter dem inneren Knöchel in einer Vertiefung, unter der ein kleiner, aber deutlicher Knochenvorsprung tastbar ist.
Punktur: 3—5 Fen senkrecht.
Indikationen: überregional: Regelstörungen, sexuelle Übererregbarkeit, Descensusbeschwerden, Schmerzen im Unterbauch, Brechreiz, verlangsamte Nahrungsresorption, Obstipation bei Frauen, Tonsillitis.
allgemein: **Tranquilizerpunkt**, bei Psychasthenien, für alle Beschwerden, die sich praemenstruell oder überhaupt im Zusammenhang mit der Periode verschlimmern, Klimaxbeschwerden, für alle jene Zustände, bei denen der Patient seine Schmerzen nicht exakt lokalisieren kann.
Allgemeines Krankheitsgefühl, nächtliche epileptiforme Anfälle, Schlafsucht, Gähnzwang.
Links in Gold gestochen ist er einer der „**Meisterpunkte**" gegen Schlafstörungen.

N 7: fu-liu, Fou Leou = „Wiederkehr des Abflusses", „Rückfluß".
Funktion: Tonisierungspunkt.
Lokalisation: 2 Cun oberhalb des inneren Knöchels, von dessen höchster Stelle aus gerechnet und 1/2 Querfinger hinter dem posterioren Tibiarand, über der A. tibialis posterior, hinter dem M. flexor digitorum longus.
Punktur: 3—5 Fen senkrecht.
Indikationen: locoregional: Schwäche der Muskulatur der unteren Extremitäten, Paresen, Durchblutungsstörungen, Schmerzen in der Lumbalregion.

überregional: Dysurie, Haematurie, der Patient hat das Gefühl als ob er Feuer ausscheide.
Orchitis.
Zahnschmerzen, Hypersalivation, geblähter Trommelbauch, schwere Durchfälle, entzündete und blutende Haemorrhoiden.
Schwatzhaftigkeit, Gereiztheit, Mangel an Entschlußkraft, Hypotonie, Kollapszustände, alle Ödeme, Schwellungen, unbeeinflußbarer Nachtschweiß.

Tradition: *N 7 gilt in der traditionellen Literatur als Tonisierungspunkt der „Feuerniere", womit die Nebenniere gemeint ist, im Gegensatz zum Ausscheidungsorgan, der „Wasserniere".*

N 8: chiao-hsin, Tsao Sinn = „Treffpunkt, Vereinigung der Botschaften".

Lokalisation: N 8 wird bei zahlreichen Autoren als Kreuzungspunkt der 3 Yin-Meridiane des Fußes, in derselben Lokalisation wie Le 5 und MP 6 angegeben. Präzise formuliert handelt es sich jedoch um eine Kreuzungszone, innerhalb derer diese 3 Punkte gelegen sind, wobei sie zwar viele, aber nicht alle Indikationen gemeinsam haben.

N 8 liegt 2 Cun oberhalb der höchsten Erhebung des inneren Knöchels, knapp hinter dem medialen Tibiarand, zwischen diesem und dem M. flexor digitorum longus, in Höhe des vorher beschriebenen Punktes N 7, sowie 1 Cun distal von MP 6.

Punktur: 3 Fen—1 Cun senkrecht.

Indikationen: Menstruationsstörungen, besonders Hypermennorrhoe, Dysurie, Harnverhaltung, Orchitis, Penisschmerzen. Alle Formen der Diarrhoe, aber auch Obstipation, Hernienschmerzen. Wird auch empfohlen zur Regulierung der Durchblutung der gesamten unteren Extremität bis ins kleine Becken.

N 9: chu-pin, Tchou Penn = „Bauwerk über dem flachen Gestade, Teichufer".

Lokalisation: 6 Cun oberhalb des inneren Knöchels in einer Vertiefung, die im „weichen Fleisch", 2 Cun hinter der medialen Tibiakante zu tasten ist oder der Höhe nach, 3 Cun oberhalb von N 8.

Punktur: 3 Fen—1 Cun senkrecht.
Indikationen: locoregional: Muskelschmerzen, Wadenkrämpfe.
überregional: Hernienbeschwerden, Muttermilchmangel, Neurasthenie, epileptiforme Anfälle, Verwirrtheitszustände, Irrereden.

N 10: yin-ku, Inn Kou = „Tal des Yin".
Funktion: Ho-Punkt, als solcher wird ihm eine direkte Einwirkung auf das Organ zugeschrieben.
Lokalisation: Bei gebeugtem Knie, am medialen Ende der Kniegelenksquerfalte, jedoch noch in der Kniehöhle, zwischen den Sehnen des M. sartorius und M. semitendinosus, in derselben Höhe wie B 40.
Punktur: 5 Fen—1 Cun senkrecht.
Indikationen: locoregional: Schmerzen im Kniegelenk, das Knie kann nicht gebeugt werden. Schmerzen an der Innenseite des Oberschenkels.
überregional: Alle Genitalerkrankungen des Mannes, Impotenz, Miktionsbeschwerden, Prostatitis, aber auch chronischer Fluor, verlängerte Periodenblutung, Schmerzen im Unterbauch, Hypersalivation.

N 11: heng-ku, Roang Kou = „Horizontaler Knochen".
Funktion: Reunionspunkt mit dem außergewöhnlichen = „Wundergefäß" Tchong Mo. Auch „Europäischer" Alarmpunkt des KS-Meridians.
Lokalisation: Am Oberrand des Os pubis, 0,5 Cun (transversale Cun für Thorax und Abdomen!) neben der ventralen Medianlinie in Höhe von KG = Jenn Mo 2. Diese Lokalisation finden wir in der modernen chinesischen Literatur, während sie bei vielen anderen Autoren mit 1 Cun oder 2 Querfinger angegeben wird.
Bemerkung: Kein wesentlicher Widerspruch, wenn man den Unterschied zwischen Finger-Cun und transversalem Thorax/Abdominal-Cun in Betracht zieht.
Punktur: 3 Fen—1 Cun senkrecht.
Indikationen: überregional: Verdauungsstörungen mit Unterbauchschmerzen, Sexuelle Erregungs-, aber auch Mangelzustände, Impotenz, Frigidität, Miktionsstörungen, Harnverhaltung, Penis- und Scrotal-

schmerzen, alle Formen der Urethritis, heftige Schmerzen in der Nierengegend.
allgemein: Regulationspunkt für die Sexualität, allgemeine Erschöpfung der Energie, depressive Verstimmung mit Angstgefühl.

N 12: ta-ho, Tae Ha = „Äußerste Strenge, Kasteiung", wird manchmal auch Yin Oe genannt.
Funktion: Verbindung mit dem Tchong Mo.
Lokalisation: 1 Cun oberhalb des Oberrades des Os pubis und 0,5 Cun lateral von der Medianlinie, in Höhe von KG 3.
Punktur: 3 Fen—1 Cun senkrecht.
Indikationen: locoregional: Impotenz, Oligospermie, retrahiertes Skrotum und Penis mit Schmerzen, Fluor.
allgemein: Schwächezustände.

N 13: ch'i-hsüeh, Tsri Yue = „Loch, Punkt der Energie" (des Chi).
Funktion: Reunionspunkt mit dem außergewöhnlichen Gefäß Tchong Mo.
Lokalisation: 1 Cun oberhalb von N 12 = in Höhe von KG = Jenn Mo 4, 0,5 Cun lateral von der Medianlinie.
Punktur: 3 Fen—1 Cun senkrecht.
Indikationen: locoregional: Menorrhagie, Metrorrhagie, Blasenspasmen, Reizblase.
Bauchschmerzen, das Gefühl, „als ob ein Spanferkel im Bauch herumfuhrwerken würde", mit Ausstrahlung in die Nierenregion, ständige Durchfälle.

Tradition: *Der Punkt wird auch „Gebärmutter", bzw. „Pforte zur Gebärmutter" oder „Pforte der Kinder" genannt, dadurch soll ausgedrückt werden, daß er die die gesamte vitale Energie beeinflußt.*
(Siehe Indikationen des benachbarten KG 4.)

N 14: szu-man, Seu Mann = „Der vierte der Füllungen". (gemeint ist damit der 4. Punkt am Nierenmeridian vom Os pubis aus nach oben gerechnet.)
N 14 wird auch „Palast des Markes" genannt.
Funktion: Reunionspunkt mit dem außergewöhnlichen Gefäß Tchong Mo.

Lokalisation: 0,5 lateral der Medianlinie, 3 Cun oberhalb des Oberrandes des Os pubis, in Höhe von KG 5.
Punktur: 3 Fen—1 Cun senkrecht.
Indikationen: locoregional: Menstruationsirregularität, Hypermenorrhoe, Verdauungsbeschwerden, Durchfälle, (Gurgeln und Plätschern bei der Palpation) Hernienbeschwerden, postpartale Schmerzen.

N 15: chung-chu, Tchong Tchu = „Mitte des Zusammenfließens".
Funktion: Reunionspunkt mit dem außergewöhnlichen Gefäß Tchong Mo.
Lokalisation: 0,5 Cun lateral der Medianlinie, 1 Cun über N 14 = 4 Cun über der Oberkante des Os pubis.
Punktur: 0,5—1 Cun senkrecht.
Indikationen: locoregional: Obstipation, Schmerzen im Abdomen, die in die Nierenregion ausstrahlen, trockener und harter Stuhl, Menstruationsstörungen.

N 16: chung-chu, Roang Iu = „Zustimmungspunkt der Eingeweide".
Lokalisation: 0,5 Cun seitlich des Nabels = KG 8.
Punktur: 1/2—1 Cun senkrecht.
Indikationen: locoregional: Magenkrämpfe, Affektionen der Eingeweide mit kolikartigen Schmerzen, Meteorismus, chronische Obstipation mit trockenem, hartem Stuhl, Menstruationsstörungen, Urethritiden jeglicher Genese.

N 17: shang-ch'ü, Chang Kou = „Hemmung der Verdauungsstörungen".
Funktion: Reunionspunkt mit dem Tchong Mo.
Lokalisation: 1/2 Cun lateral der Medianlinie, des KG, in Höhe von KG 10 = 1 Cun oberhalb des Nabels.
Punktur: 1/2—1 Cun senkrecht.
Indikationen: locoregional: Gastralgien, kolikartige Oberbauchschmerzen, Appetitlosigkeit, peritoneale Reizzustände.

N 18: shih-kuan, Che Koann = „Steingrenze".
Funktion: Reunionspunkt mit dem Tchong Mo.
Lokalisation: 1/2 Cun lateral des KG, in Höhe von KG 11 = 3 Cun oberhalb des Nabels.
Punktur: 1/2—1 Cun senkrecht.
Indikationen: locoregional: Gastralgien, Singultus, Roemheld-Syndrom, Obstipation, Koliken, unerträgliche postpartale Schmerzen.

N 19: yin-tu, Yin Tou = „Hauptstadt des Yin".
Funktion: Reunionspunkt mit dem Tchong Mo.
Lokalisation: In Höhe von KG 12 = 4 Cun oberhalb des Nabels, 1/2 Cun lateral des KG.
Punktur: 5 Fen—1 Cun senkrecht.
Indikationen: locoregional: Roemheld-Syndrom, Schmerzausstrahlung zum Herzen und in die Flankengegend, mangelhafte Magenverdauung, Meteorismus.
Bemerkung: Zur Verstärkung der Wirkung bei Oberbauchschmerzen, besonders bei Ulcuskrankheit wird oft eine Punktekombination verwendet, die Mei-Hua = „Pflaumenblüte" genannt wird. Sie figuriert auch als P.a.M. 36 = KG 12—01. Es handelt sich dabei um insgesamt 5 Punkte, die quadratisch um KG 12 als Mittelpunkt angeordnet, 0,5 Cun links und rechts der Medianlinie = N 19, sowie 0,5 Cun oberhalb und unterhalb von KG 12 (siehe diesen) gelegen sind.

N 20: t'ung-ku, Trong Kou = „Talsohle".
Funktion: Reunionspunkt mit dem Tchong Mo.
Lokalisation: In Höhe von KG 13 = 5 Cun oberhalb des Nabels, 1/2 Cun lateral des KG.
Punktur: 5 Fen—1 Cun senkrecht.
Indikationen: locoregional: Indigestion, Erbrechen, mangelhafte Nahrungsresorption = exkretorische Pankreasinsuffizienz, abdominelle Schmerzen, Durchfälle, Meteorismus, Reomheldsyndrom.

N 21: yu-men, Iou Menn = „Tor der Stille, Geräuschlosigkeit"; damit ist die Pars cardiaca des Magens gemeint.
Funktion: Reunionspunkt mit dem Tchong Mo.
Lokalisation: 6 Cun oberhalb von N 16 (N 16 liegt in Nabelhöhe), 0,5 Cun lateral von KG 14 = Jenn Mo 14.
Punktur: 5—7 Fen senkrecht.
Indikationen: locoregional: Bauchschmerzen, Aufstoßen, Erbrechen, Hypersalivation, Durchfälle, Leberfunktionsstörungen, Dyspepsie.
überregional: Husten, Stauungsgefühl, anginoide Beschwerden.

N 22: Pou-lang, Pou Lang = „Begehbarer Vorsprung, Galerie".
Lokalisation: Im 5. ICR. 2 Cun lateral der Medianlinie, in Höhe von KG 16.

Punktur: 3—5 Fen schräg.
Indikationen: locoregional: Krampfhusten mit dadurch bedingten Thoraxschmerzen, Pleuralgien, Intercostalneuralgien.
überregional: Appetitlosigkeit, allgemeiner Antriebsmangel.

N 23: shen-feng, Chenn Fong = „Göttliche Weihe".
Lokalisation: Im 4. ICR, 2 Cun lateral der Medianlinie, in Höhe von KG 17.
Punktur: 3 Fen senkrecht oder bis 5 Fen schräg.
Indikationen: locoregional: Intercostalneuralgien, Brustwandschmerzen, Pleuralgien, Krampfhusten mit erschwerter Atmung, Mastitis.
überregional: Allgemeiner Energiemangel gepaart mit Appetitlosigkeit und Brechreiz.

N 24: ling-hsü, Ling Chu = „Markt des Geistes".
Lokalisation: Im 3. ICR, 2 Cun lateral der Medianlinie, in Höhe von KG 18.
Punktur: 3 Fen senkrecht oder 5 Fen schräg.
Indikationen: locoregional: Husten mit konsekutiven Thoraxschmerzen, Intercostalneuralgie, Mastitis.
überregional: Appetitlosigkeit, Brechreiz, Erbrechen.

N 25: shen-tsang, Chenn Tchang = „Obdach der Gottheit".
Lokalisation: Im 2. ICR, 2 Cun lateral der Medianlinie = in Höhe von KG 19.
Punktur: 3 Fen senkrecht oder 5 Fen schräg.
Indikationen: locoregional: Krampfhusten mit Atembeschwerden und Thoraxschmerzen.
überregional: Appetitlosigkeit, Erbrechen.

N 26: yü-chung, Yo Tchong = „Möglicher Mittelweg".
Lokalisation: Im 1. ICR, 2 Cun lateral der Medianlinie, in Höhe von KG 20.
Punktur: 3 Fen senkrecht oder 5 Fen schräg.
Indikationen: locoregional: Krampfhusten mit Atembeschwerden, Thorax- und Flankenschmerzen.
überregional: Erbrechen.

N 27: shu-fu, Iu Fou = „Halle der Zustimmung".
Lokalisation: Am Sternalrand, am unteren Anteil des Sternoclaviculargelenkes, in einer Höhe mit KG 21.

Punktur: cave Pneumothorax bei senkrechtem Stich, besser 5 Fen schräg.
Indikationen: locoregional: Asthma bronchiale, Krampfhusten, auch Stauungsbronchitis, Keuchhusten, Dyspnoe, Schmerzen im Thoraxbereich.
überregional: Oesophagusspasmen, „man kann nichts schlucken", Erbrechen, dabei gebläht es Abdomen.
Psychasthenie, Neurasthenie.
allgemein: Wichtiger Punkt für die Asthmatherapie, bei Verschlimmerung durch Kälte und Feuchtigkeit. Der Punkt kann im Gegensatz zur üblichen Vorgangsweise bei Neurasthenikern nur einseitig und zwar beim Rechtshänder **links** genadelt werden (nach BAHR oft links in Gold und rechts in Silber).

Anmerkung zum Verlauf des Nierenmeridians zwischen N 11 bis N 21
Die unterschiedlichen Angaben des Verlaufs des Nierenmeridians am Abdomen, dürften auch darauf zurückzuführen sein, daß der Nierenmeridian in diesem Bereich über seine Punkte N 11 bis N 21 enge Verbindung mit dem außergewöhnlichen Gefäß = „Wundermeridian" Tchong Mo = chung mo hat. Die obigen Punkte sind also auch Punkte des Tchong Mo.
Manche Autoren stützen sich auf die Ausführungen im Lingshu, wonach das Tchong Mo = „Breite Troßstraße" oberflächlicher als der Nierenmeridian verläuft, während im So Quenn = Su-wen, ein gemeinsamer Verlauf in diesem Abschnitt angegeben wird.

Meridian Kreislauf – Sexualität (hsin-pao-luo)

Cheou Tsiue Inn = gebeugtes Yin des Armes, The arm absolute Yin Meridian. hsin-pao-luo = Hülle des Herzens, tan-chung = Meister des Herzens.

Abkürzungen in der Literatur: KS, MC = Maitre du coeur, ECS = Enveloppe du coeur et sexualité, P = Pericardium.

Internationale Nomenklatur: Nr. IX.

Da sich der Name „Kreislauf-Sexualität" im deutschen Sprachraum und in der Literatur eingebürgert hat, bleiben wir bei dieser Bezeichnung, obwohl die Benennung „Hülle des Herzens", „Meister, Herrscher, Gebieter des Herzens" korrekter sein mögen. Dem Meridian wird sowohl eine Beziehung zum Blutkreislauf, zu dessen endokrinen Faktoren, Serologie, Intermediärstoffwechsel, (Oxydationsvorgänge) als auch aus traditioneller Sicht eine Schutzfunktion für Herz und Kreislauf zugeschrieben.

Der Meridian wird den Tsang = Speicherorganen, also dem Yin zugeschrieben.

Energieverlauf zentrifugal. Er erhält seine Energie vom Nierenmeridian und gibt sie an den Meridian des 3 E = dreifacher Erwärmer weiter.

Chronobiologie:
Optimalzeit zur Tonisierung 21–23 Uhr.

Sein Zustimmungspunkt = IU = Pei shu ist B 14, er liegt 1 1/2 Cun seitlich der Spitze des Proc. spinosus des 4. B.W.

Sein Alarmpunkt ist nach chinesischen Erkenntnissen der KG 17, nach früheren europäischen Angaben der KS 1 und N 11.

Sein äußerer Verlauf ist durch 9 Punkte markiert (Abb. 9).

Verlauf:	Der KS-Meridian tritt im IV. ICR 1 Querfinger lateral der Brustwarzen am Punkt KS 1 an die Oberfläche, zieht von dort über den vorderen Axillarrand an die Innenseite des Oberarmes, von hier an dessen vorderer Mittellinie nach unten, zur Mitte der Ellenbeuge (KS 3), dann weiter über die volare Fläche des Unterarmes zur Handgelenksfalte, in deren Mitte KS 7 lokalisiert ist. Von dort

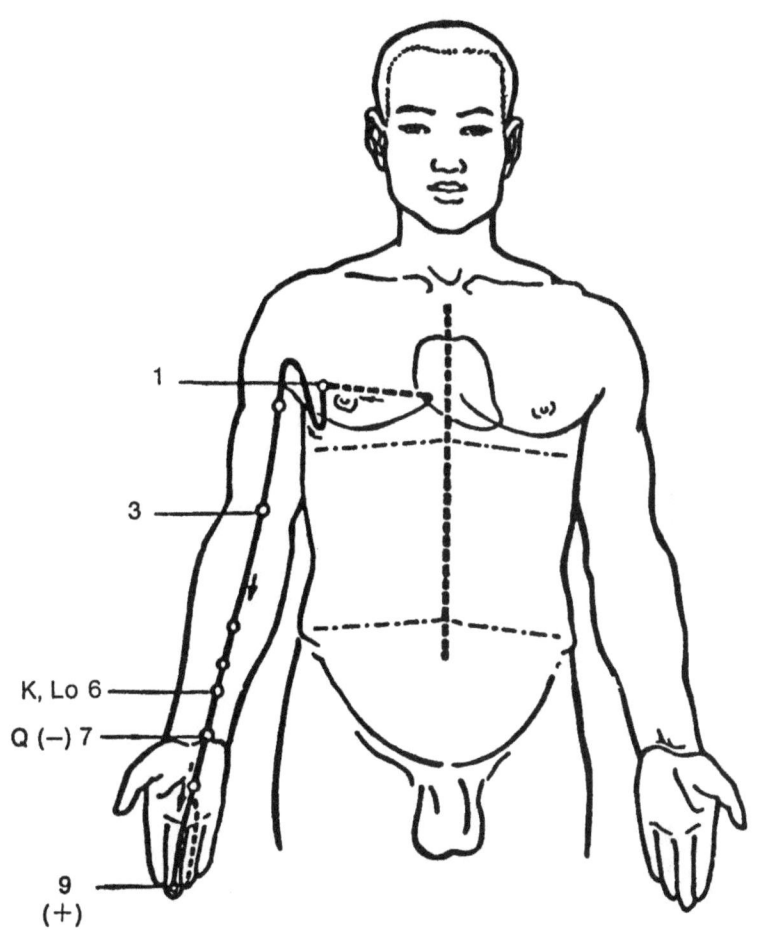

Abb. 9

Meridian Kreislauf-Sexualität

Tonisierungspunkt	= KS 9
Sedativpunkt	= KS 7
Quellpunkt	= KS 7
Durchgangspunkt (Lo)	= KS 6 zu 3 E 4
Zustimmungspunkt	= B 14
Alarmpunkte	= KG 17
Kardinalpunkt zur Einschaltung des „Wundermeridians" Yin Oe	= KS 6

verläuft der Meridian zur Innenfläche der Hand, entlang des 3. Metacarpalknochens, um 1 Fen proximal und lateral vom inneren Nagelfalzwinkel des Mittelfingers zu enden (**zeigefingerseitig**).

Ein Sekundärgefäß verläuft von der Mitte der Handfläche zur Spitze des Ringfingers und verbindet sich dort mit dem im Energieverlauf folgenden Yang-Meridian, dem 3 E-Meridian.

Tradition: *Der Kreislauf-Sexualität-Meridian wird erst im Ling-shu erwähnt. Die Kommentatoren bezeichnen ihn als Atrium der Brust, als ummauerten Palast des „Herrschers", des Herzens. Dies spiegelt die französische Bezeichnung „Hülle des Herzens", sowie die englische „Pericardium" korrekt wider.*

Im Organismus wird ihm die Rolle eines Ausgleichsreservoirs für die kongenitale und konstitutionelle Energie des Individuums zugeschrieben (PORKERT). Damit aber ist die Benennung „Kreislauf-Sexualität" durchaus gerechtfertigt.

In der Lehre der Entsprechungen findet er seinen Platz, zusammen mit dem Herz in der Hitze, dem Feuer, dem Sommer zugehörigen Wandlungsphase. Er „regiert" = hat Einfluß auf die Gefäße, im Sinne der Blutverteilung und Versorgung; Funktionen, die dem Herzen, den Lungen (O_2) und dem Kreislauf (Aorta) zufallen. Von den Emotionen sind die Lust und die Freude weitgehend von seinem Funktionieren abhängig, weswegen er auch als „Freizeitmeridian" bezeichnet wird.

KS 1: t'ien-ch'ih, Tienn Tcheu = „Himmelsteich".
Funktion: „Europäischer" **Alarmpunkt** = Mo-Punkt des KS-Meridianes. (mehr für den Kreislauf zuständig). Ein weiterer „Europäischer" Alarmpunkt ist der N 11 (eher für Sexualität zuständig, Sekundärgefäße zu Le- und G-Meridian).
Lokalisation: 3 Cun unter der vorderen Achselfalte, im 4. ICR, 1 Cun seitlich der Brustwarze, bzw. Mamillarlinie.
Punktur: 2—5 Fen schräg, tiefe Punktur verboten.

Indikationen: locoregional: Neuralgien des Plexus brachialis, Schmerzen in der Schulter, Oberarm, Achselgegend, Schmerzen im seitlichen Thoraxbereich, Schwellungen und Entzündungen in der Achselhöhle.
überregional: Unterstützend bei Kreislauflabilität, dadurch bedingte Kopfschmerzen und Sehstörungen.

KS 2: t'ien-ch'üan, Tienn Tsiuann = „Himmelsquelle".
Lokalisation: 2 Cun unter dem oberen Ende der vorderen Achselfalte, zwischen den Bicepsansätzen.
Punktur: 4 Fen–7 Fen senkrecht.
Indikationen: locoregional: Schmerzen an der Innenseite des Oberarmes, Schmerzen im oberen lateralen Thoraxbereich, in den Rücken ausstrahlend.
überregional: Durch Krampfhusten bedingte Flankenschmerzen. Cardiale Stauungssymptome mit Beklemmungsgefühl.
allgemein: Angst vor Wind und Kälte.

KS 3: ch'ü-tse, Tsiou Tsre = „Krümmung des Teiches".
Funktion: Ho-Punkt des Meridians.
Lokalisation: In der Mitte der Ellbogenquerfalte, an der medialen Seite des Sehnenansatzes des M. biceps. (Arm etwas beugen lassen.)
Punktur: 2 Fen–1 Cun senkrecht.
Indikationen: locoregional: Armschmerzen, Schmerzen im Ellbogengelenk, Epicondylitis, Tremores der Arme und Hände.
überregional: Palpitationen, Tachycardieneigung, Herzschmerzen, Stenocardia vera et spuria, Hypertonie, Myo- und Endocardaffektionen.
Angina, Bronchitis.
Übermäßiges Schwitzen im Kopf- und Nackenbereich, Dermatitiden in dieser Region, mit Lu 5 und Di 4.
Angstgefühl, Zustände nach cerebralen Insulten, Hemiplegie.
allgemein: Zur Beruhigung nach übermäßigem Alkoholgenuß, (Lachen, schwere Zunge, Kopfschmerzen, Schlaflosigkeit) kombiniert mit Le 3, Le 8, G 1, LG 20.

KS 4: hsi-men, Keu Menn = „Tor der Spalte, Grenztor".
Lokalisation: 5 Cun oberhalb der volaren Handgelenksfalte, (proximal von KS 7) in der Mitte zwischen Radius und Ulna.
Punktur: 1 Cun senkrecht.
Indikationen: überregional: Stechende, bohrende Schmerzen in der Herzgegend, Tachycardie, Bronchitis, Pleuralgien, Mastopathien, Epistaxis.
allgemein: Energiemangel, Angst vor seiner Umgebung, Neurasthenie.

KS 5: chien-shih, Tien Seu = „Herkömmlicher Zwischenraum".
Funktion: Gruppen-Lo-Punkt der 3 Yin Meridiane der Arme.
Lokalisation: 3 Cun proximal von der distalen Handgelenksquerfalte = 1 Cun proximal von KS 6, in der Mitte des volaren Unterarmes.
Punktur: 3 Fen—1 Cun senkrecht.
Indikationen: locoregional: Schmerzen im Bereich des Unterarmes und Armes, Kontrakturen, Muskelspasmen, auch muskuläre Atrophie im Bereich des Ellbogens und der Schulter (Meridianverlauf).
überregional: „brutale" Herzschmerzen, organische Herzaffektionen, Empfindung: „Das Herz ist aufgehängt".
schweres Krankheitsgefühl im Thorax nach Verkühlungen, Aphonie.
epileptiforme Anfälle, Angst vor Wind und Kälte.
Magenschmerzen, Erbrechen, Haemorrhoiden.
Menstruationsstörungen, vornehmlich hormon- und kreislaufbedingt.
Angstgefühl, Gefühl als ob etwas die Kehle zuschnüren würde, Energiemangel.
allgemein: Wird auch heute noch als Unterstützungspunkt gegen Malaria und Epilepsie angeführt. z.B. gegen Malaria: KS 5, Di 11, 3 E 6, N 7, B 63. Haemorrhoiden: KS 5, MP 4, B 53, LG 1, LG 20.

Tradition: *KS 5 wurde auch gegen Geisteskrankheiten („von Dämonen besessen") angewendet zusammen mit LG 26.*
KS 5 galt als wichtig bei allen Störungen im Organkreis MP.

*KS ist nach der Lehre der Wandlungsphasen die „Mutter"
des Organkreises Milz, daher wurde bei deren „Leere" =
Schwäche, die Moxibustion von KS 5 empfohlen.*

KS 6:	nei-kuan, Nei Koann = „Innere Barriere".
Funktion:	**Durchgangs-** = **Passage-** = **Lo-Punkt** des Meridians. Als solcher steht er über die Lo-Transversale in Verbindung mit dem Quellpunkt seines gekoppelten Yang-Partners, nämlich mit 3 E 4. **Kardinal-** = **Schlüsselpunkt** für das außergewöhnliche Gefäß = „Wundergefäß" Yin-Oe.
Lokalisation:	2 Cun über der **distalen** Handgelenksquerfalte, in der volaren Mittellinie des Unterarmes, zwischen der Sehne des M. flexor carpi radialis und jener des M. palmaris longus.
Punktur:	3 Fen–1 Cun senkrecht, in China u. U. in Richtung auf den Punkt 3 E 5 durchstechen.
Indikationen:	locoregional: Alle Affektionen mit Schmerzen in den Armen, Neuralgien, Kontrakturen, Paresen etc. überregional: Seitliche Thoraxschmerzen, Costalgien, Lymphstauungen nach Mammaamputation, spastische Bronchitis, besonders gegen Hustenreiz, Laryngitis, Pharyngitis. Hypotonie mit Folgezuständen, funktionelle und spastische Stenocardie, Singultus, Übelkeit, Brechreiz, Erbrechen, Schmerzen in der Magengegend. Kollaps bei der Entbindung, verzögerte Placentalösung. Kopfschmerzen, Schwindel, Migräne, Unruhe, Angst, Hysterie, epileptiforme Anfälle. allgemein: Regulierende Wirkung auf den Kreislauf, den Blutdruck, (zirkulatorisches Geschehen) sowie hormonelle Wirkung und Einfluß auf die Sexualsphäre.
Tradition:	*Spezialpunkt für alle Affektionen des Magens, der Galle, des Milz-Pankreassystems und des Herzens.*
KS 7:	ta-ling, Ta Ling = „Großes Tal, große Mulde".
Funktion:	**Sedierungspunkt** und auch **Quellpunkt** des Meridians. In seiner Funktion als Quellpunkt hat er

Lokalisation: Verbindung mit dem Durchgangspunkt = Lo-Punkt = Passagepunkt des mit ihm gekoppelten 3 E-Meridians, nämlich mit 3 E 5.
Lokalisation: In der Mitte der größten distalen volaren Handgelenksquerfalte, zwischen den Sehnen des M. palmaris longus und des M. flexor carpi radialis.
Punktur: 3—5 Fen senkrecht.
Indikationen: locoregional: Ellbogen- und Handgelenkskontrakturen, unerträglich heiße Handteller, Schreibkrampf.
überregional: Intercostalneuralgien, **Herpes zoster** — wenn im Thoraxbereich lokalisiert, sonst 3 E 5 verwenden oder **3 E 5 und KS 7**.
Myocardaffektionen, stenocardische Zustände mit Angstgefühl, Hypertonie, RR-Labilität.
Rachen- und Schlundschmerzen, Tonsillitis, Singultus, Erbrechen, trockener Mund mit schlechtem Geschmack und Fötor ex ore, mit Le 13, G 43, KG 23.
Dysmenorrhoe, Verwirrtheit, Psychosen, Angstzustände, Schlaflosigkeit, epileptiforme Anfälle, Kopfschmerzen, Energieschwäche, Ekzeme, Abszesse, Flechten mit Di 4, Di 11, MP 10.
allgemein: Bei Hypertonikern ist es empfehlenswert, KS 7 anstatt KS 6 zu verwenden, um eventuelle Komplikationen zu vermeiden.

KS 8: lao-kung = Lo Kong, „Palast der Arbeit, der Mühen", auch unter dem Namen Wou Li bekannt.
Lokalisation: In der Mitte der Palma manus. Wenn man eine Faust bildet, dann liegt KS 8 zwischen den Spitzen des Mittel- und Ringfingers.
Punktur: 2—5 Fen senkrecht.
Indikationen: locoregional: Arthralgien und Sensibilitätsstörungen im Hand und Fingerbereich, besonders rheumatischer Genese.
überregional: Schmerzen in der seitlichen Thoraxgegend, Kopfschmerzen, Migräne, alle Formen von Lähmungen, bei comatösen Zuständen nach cerebralen Insulten, unstillbares Nasenbluten, Krampfzustände im Kindesalter.

Brechreiz, Erbrechen, abnormes Durstgefühl, auch bei Mundtrockenheit aus psychischen Ursachen (depressive Verstimmung), besonders dann, wenn diese mit einem Fötor ex ore vergesellschaftet ist. Fötor ex ore wegen Gingivitis, Alveolarpyorrhoe etc. als Hilfspunkt.
allgemein: Gegen Angstgefühl (z.B. vor zahnärztlichen Eingriffen), bei Cholerikern mit häufigen Wutausbrüchen.

Tradition: *Der Punkt KS 8 und die 5 Zustimmungspunkte der Vollorgane wurden als äußerst wichtig für die Regulierung der Yin-Energie angesehen. Daher sollte man die obige Kombination üblicherweise nicht öfter als 5 mal hintereinander anwenden, um nicht die gesamte Energie zu sehr zu sedieren.*

KS 9: chung-ch'ung, Tchong Tchrong = „Mittlerer Punkt für den Angriff".
Funktion: **Tonisierungspunkt, Anfangspunkt für den TMM. Reunionspunkt für die Gefäße,** einer der Hauptpunkte bei Kollaps, Ohnmacht und hypotonen Krisen.
Lokalisation: 1 Fen proximal und medial vom radialen = zeigefingerseitigen Nagelfalzwinkel des Mittelfingers.
Punktur: 1 Fen senkrecht.
Indikationen: locoregional: Neuralgische Schmerzen der Arme und Hände, Praesthesiae antebrachii.
überregional: Hypotonie und Folgezustände, Herzschmerzen mit Druckgefühl, auch Myo-Endocardaffektionen.
Schock, Kollaps, Koma, cerebrale Insulte, cerebrale Kongestionen mit Kopfschmerz.
Tinnitus, Hypakusis.
Sexuelle Dysfunktion, Regelstörungen.
Nächtliche Angstzustände, nächtliches Weinen der Kinder mit M 44.
KS 9-1: 2. **Allergiepunkt,** am ringfingerseitigen Nagelfalzwinkel des Mittelfingers.

Meridian des Dreifachen Erwärmers (san-chiao)

Cheou Chao Yang = Kleines Yang der Hand, The arm lesser Yang Meridian.

Abkürzungen in der Literatur: 3 E, DE = Dreifacher Erwärmer, Tr R = Triple rechauffeur, TH· = Three heater.

Der Meridian wird den Hohlorganen = Werkstättenorganen = fu, zugeordnet, daher YANG.

Internationale Nomenklatur: Nr. X.

Der 3 E hat zwar einen Namen, aber kein körperliches Substrat, daher handelt es sich um einen „funktionellen" Meridian, der kein eigenes Organ im Hintergrund hat. Er wird einerseits als zentrale Führung für die Bau und Wehrenergie, deren Ursprung von ihm ausgeht, angesehen, andererseits wird ihm eine regulierende Wirkung auf den gesamten Säfteumlauf zugeschrieben. Modernen Ansichten nach könnte er mit dem Einfluß des endocrinen Systems auf Erfolgsorgane verglichen werden. Daher spiegelt seine Indikationsliste Funktionen des Atmungs-, Verdauungs- und Urogenitaltraktes in ihrer Gesamtheit wider.

Energieverlauf zentripetal, vom Meridian Kreislauf-Sexualität zum Meridian der Gallenblase.

Chronobiologie:

Optimalzeit zur Tonisierung 23—1 Uhr.

Sein Zustimmungspunkt = IU = Pei shu ist B 22, 1 1/2 Cun seitlich der Dornfortsatzspitze des 1. Lendenwirbels. Die Alarmpunkte des 3 E-Meridians liegen auf der ventralen Medianlinie, dem Konzeptionsgefäß = KG = Jenn Mo und zwar: **Der Hauptalarmpunkt KG 5** — wenn man die Entfernung vom Oberrand der Symphyse bis zum Nabel in 5 gleiche Teile teilt, am 3. Fünftel, oberhalb der Symphyse. Dies entspricht 2 Cun unterhalb des Nabels. **Der untere Alarmpunkt ist KG 7**, auch **sexueller Alarmpunkt** genannt. Er liegt am 4. Fünftel der oben beschriebenen Strecke, von der Symphyse aus gerechnet. **Der mittlere Alarmpunkt**, auch **digestiver Alarmpunkt** genannt, ist **KG 12**, zugleich auch Alarmpunkt des Magenmeridians. Dieser Punkt liegt in der Mitte der Strecke Nabel — Schwertfortsatz = 4 Cun oberhalb des Nabels. **Der obere Alarmpunkt**, auch **respiratori-**

scher Alarmpunkt genannt, KG 17 liegt in der Mitte des Sternums, in Höhe des 4. ICR.
Sein äußerer Verlauf ist durch 23 Punkte gekennzeichnet (Abb. 10; s. S. 138).

Verlauf: Der Meridian beginnt 1 Fen proximal und lateral vom ulnaren Nagelfalzwinkel des Ringfingers und zieht zwischen dem Metacarpale 4 und 5 dorsal zum Handgelenk. Von dort verläuft er weiter über den Unterarm aufwärts zum Olecranon (3 E 10) und dann über die Rückseite des Oberarmes auf die Schultermitte, zieht nun über die seitliche Halsregion vor die Mastoidspitze (3 E 17), dann umkreist er das Ohr bis zur Incisura tragica superior (3 E 21) und endet am Punkt 3 E 23 in einer kleinen Vertiefung am lateralen Rand der Augenbrauen.

Tradition: *Die Rolle der 3 Erwärmer begann sich erst etwa um 300 n.Chr. aus rudimentären Vorstellungen (verbindende Wasserstraßen als Grundlage der gesamten Säfteumläufe) herauszukristallisieren. Seither gelten die 3 Erwärmer als Ursprung der in den Leitbahnen zirkulierenden Bauenergie und zugleich der auch außerhalb der Meridiane zirkulierenden Abwehrenergie, deren Stärke die Abwehrmechanismen gegen äußere Einflüsse bestimmt und die einem 24 Stundenrhythmus unterliegt.*
Die 3 Erwärmer finden als komplementäres Yang des KS, so wie dieser, ihre Entsprechung in der Wandlungsphase Hitze, Feuer.

3 E 1: kuan-ch'ung, Koann Tchrong = ,,Grenzstraße, Grenzlinie".
Funktion: Anfangspunkt des TMM des 3 E.
Lokalisation: 2 mm lateral des inneren ulnaren Nagelfalzwinkels des Ringfingers.
Punktur: 1—3 Fen senkrecht.
Indikationen: locoregional: Starke Schmerzen im Unterarm und Ellbogen, die die Beweglichkeit behindern.
überregional: Kopfschmerzen, Anginen, schmerzhafte Laryngitis — Pharyngitis. Übelkeit, Appetitmangel, trockener Mund mit scharf-bitterem Geschmack.

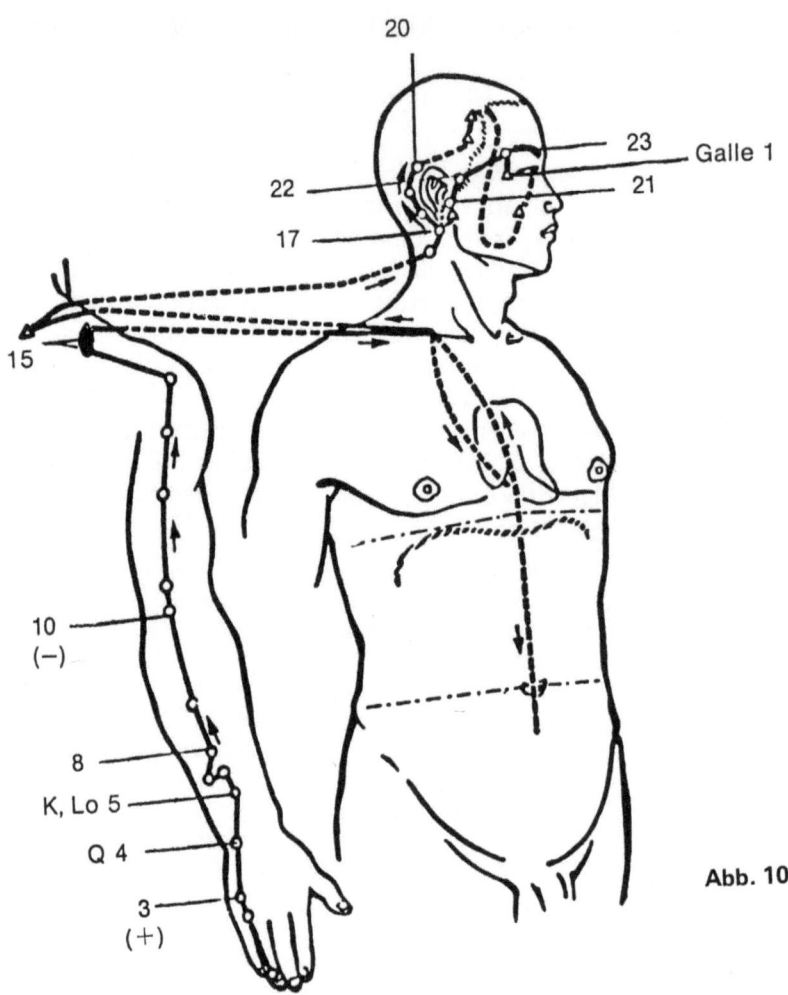

Abb. 10

Meridian des dreifachen Erwärmers

Tonisierungspunkt	= 3 E 3	sexueller Alarmpunkt	= KG 7
Sedativpunkt	= 3 E 10	digestiver Alamrpunkt	= KG 12
Quellpunkt	= 3 E 4	respirator. Alarmpunkt	= KG 17
Durchgangspunkt (Lo)	= 3 E 5 zu KS 7	Kardinalpunkt zur Einschaltung des „Wundermeridians"	
Zustimmungspunkt	= B 22	Yang Oe	= 3 E 5
Haupt-Alarmpunkt	= KG 5		

3 E 2: yeh-men, Hi Menn = „Pforte der Flüssigkeiten".
Lokalisation: In einem Grübchen, in Höhe des Metacarpo-phalangealgelenkes des 4. Fingers (Ringfingers) an dessen lateraler Seite = 5 Fen proximal der Interdigifalte des 4. und 5. Fingers.
Punktur: 2—5 Fen schräg in Richtung nach proximal.
Indikationen: locoregional: Schmerzen und Entzündungen des Unterarmes, Schwellung und Rötung der Hände, Verrenkungen des Handgelenkes.
überregional: Angina, Schluckbeschwerden, Conjuntivitis, Zahnschmerzen besonders der Schneidezähne, Tinnitus, Hörsturz, Hypakusis, Kopfschmerzen, Angstgefühl, Unterstützungspunkt bei Malaria, Schüttelfrost.

3 E 3: chung-chu, Tchong Tchou = „Mitte des Tümpels, der Lache".
Funktion: **Tonisierungspunkt** des Meridians.
Lokalisation: Auf dem Handrücken, zwischen dem 4. und 5. Os metacarpale, auf gleicher Höhe wie Dü 3 = 1 Cun proximal von 3 E 2 (leichter Faustschluß ist zum Aufsuchen vorteilhaft).
Punktur: 2 Fen—1 Cun schräg aufwärts.
Indikationen: locoregional: Arthralgien und Arthritiden der Finger und Handgelenke, die Finger können nicht gestreckt werden.
überregional: Schulter und Rückenschmerzen. Tinnitus, Surditas, Otalgien. Kongestive Kopfschmerzen, sexuelle Übererregung.
allgemein: Kräftigend in der Rekonvaleszenz.

3 E 4: yang-ch'ih, Iang Tcheu = „Yang — Teich".
Funktion: **Quellpunkt** mit Verbindung zum Durchgangs- = Lo-Punkt seines gekoppelten Yin-Partners = KS 6. „**Meisterpunkt**" gegen **vasomotorische Kopfschmerzen**.
Lokalisation: Auf dem Handrücken, über dem Gelenkspalt zwischen Os hamatum und Metacarpale IV, an der ulnaren Seite der Sehne des M. extensor digitorum communis.
Punktur: 2—5 Fen senkrecht.
Indikationen: locoregional: Bei Distorsionen und Kontusionen des Handgelenkes, bei Frakturen in diesem Bereich, besonders zur Rehabilitation nach Gipsabnahme.

überregional: Arm- und Schulterschmerzen, die das Armheben erschweren. Vasomotorische Kopfschmerzen, depressive Zustandsbilder. Trockener Husten. Trockener Mund, Diabetes mellitus, Hilfspunkt bei Malaria, spastische Obstipation aber auch Durchfälle, Haemorrhoiden. Impotenz, Dysmenorrhoe, Pruritus vulvae.
allgemein: Degenerative Erkrankungen, Einfluß auf konstitutionelle Faktoren und deren Auswirkung auf Entstehung und Ablauf dieser Erkrankungen.

3 E 5: wai-kuan, Oae Koann = „Äußere Barriere, Grenze".
Funktion: Durchgangs- = Passage- = Lo- = luo-Punkt. Als solcher ermöglicht er die Verbindung zum Quellpunkt seines gekoppelten Yin-Partners, zum Punkt KS 7. Kardinalpunkt = Schlüsselpunkt für das außergewöhnliche Gefäß den „Wundermeridian" Yang Oe.
Lokalisation: 2 Cun oberhalb der posterioren dorsalen Handgelenksfalte, zwischen Ulna und Radius gegenüber dem volar gelegenen Punkt KS 6.
Punktur: 3 Fen—1 Cun senkrecht oder schräg.
Indikationen: locoregional: Rheumatische Schmerzen in den Hand- und Fingergelenken, sowie Ellbogen- und Schultergelenken.
überregional: Cervicalsyndrom, cervicaler „Hexenschuß". Alle Kopfschmerzen in Verbindung mit Witterungseinflüssen, Paresen, besonders der oberen Extremität nach cerebralen Insulten. Tinnitus, Hypakusis, Parotisaffektionen. Bronchiektasien etc. eitriges Sputum mit KG 17, B 17, M 40. Nachtschweiß, brennend heiße Haut, Schwitzen ohne Grund, hitzende Dermatitiden — bei dieser Indikation meist zusammen mit Di 4, Di 11, Lu 5.
allgemein: Hauptpunkt und Meisterpunkt zur generellen Rheumabehandlung. Generalisierte Arthritis der kleinen Gelenke, häufig mit G 41, dem Spezialpunkt für die großen Gelenke, gegen Wetterfühligkeit mit 3 E 15.

3 E 6: chih-kou, Tsi Kao = „Verzweigung der Furche".
Lokalisation: 1 Cun proximal von 3 E 5 = 3 Cun proximal der dorsalen Handgelenksquerfalte.
Punktur: 3 Fen—1 Cun senkrecht.
Indikationen: locoregional: Schmerzen in den Schultern und Armen mit Abgeschlagenheitsgefühl, Schmerzen in der Achselgegend und seitlichen Brustwand.
überregional: Nach PIENN CHO: Obstipation, besonders mit Flankenschmerzen, gegen Yin-Obstipation zusammen mit M 36, M 37, G 34.
Bemerkung: Der Punkt wird auch in den neueren chinesischen Therapieangaben häufig zur Behandlung als Obstipation erwähnt. Druck- und Beklemmungsgefühl nach Erkältung. Brutale Herzschmerzen, das Gefühl „als ob einen der Teufel hole".

3 E 7: hui-tsung, Roe Tsong = „Begegnung der Ahnen, Vorfahren".
Lokalisation: 3 Cun oberhalb der dorsalen Handgelenksquerfalte = in Höhe von 3 E 6, **aber** 1 Querfinger **ulnar** von diesem = an der radialen Kante der Ulna.
Punktur: 5 Fen—1 Cun senkrecht.
Indikationen: locoregional: Armschmerzen.
überregional: Taubheit, alle Formen der Epilepsie.
Tradition: *In der alten Literatur war die Punktur verboten, nur Moxibustion!*

3 E 8: san-yang-luo, Sann Yang Lo = „Lo der 3 Yang".
Funktion: Wie aus seinem Namen hervorgeht — **Gruppen-Lopunkt**, d.h. Anknüpfungspunkt für die 3 Yang der Arme.
Lokalisation: 4 Cun proximal der dorsalen Handgelenksfalte, zwischen Ulna und Radius.
Punktur: 2 Fen—1 Cun senkrecht.
Indikationen: locoregional: Armschmerzen, Schweregefühl.
überregional: Abnorme Schlafsucht, Müdigkeit, Hypakusis.

3 E 9: szu-tu, Seu Tou = „Vier Lästerer, Freveltäter".
Lokalisation: 5 Cun distal von der Olecranonspitze, in der Mitte des dorsalen oberen Unterarmes, zwischen Ulna und Radius.
Punktur: 5 Fen—1 Cun senkrecht.

Indikationen:	locoregional: Schmerzen im Unterarm. überregional: Zahnschmerzen, besonders der Schneidezähne des Unterkiefers, Hörsturz.
3 E 10:	t'ien-ching, Tienn Tsing = „Himmelsbrunnen".
Funktion:	Sedativpunkt des Meridians, Ho-Punkt.
Lokalisation:	In einer deutlich tastbaren Vertiefung, 1 Cun oberhalb der Olecranonspitze, wenn der Arm leicht gebeugt wird. Bei gestrecktem Arm liegt 3 E 10 in Richtung der gedachten Verlängerung der Ellbogengelenksfalte.
Punktur:	3 Fen–1 Cun schräg.
Indikationen:	locoregional: Arm- und Schulterschmerzen, Nakkenschmerzen, die hinter die Ohren ausstrahlen, Thoraxschmerzen. überregional: Hypakusis mit ständigem Tinnitus, Epistaxis. Entzündliche Erkrankung der Atmungsorgane, Brustschmerzen mit eitrigem Sputum. Nervöse Herzbeschwerden. Übelkeit, Erbrechen, Oesophagusspasmen, Appetitlosigkeit, meist aus psychischer Ursache. Alle Formen der Epilepsie, Kopfschmerzen, Hemicranie, Schwindel, Depressionen nach psychischen Traumen, Kummer, daraus resultierende Schlaflosigkeit, „man weiß nicht, warum man sich so schlecht fühlt". allgemein: Gegen Schmerzen, die durch intensive Luftbewegung (Zugluft) bei dafür anfälligen Personen entstanden sind, wobei diese oft keine exakte Lokalisation angeben können.
3 E 11:	ch'ing-leng-yüan, Tching Lang luann = „Klare, kalte Quelle".
Lokalisation:	2 Cun oberhalb der Olecranonspitze = 1 Cun proximal von 3 E 10.
Punktur:	3 Fen–1 Cun senkrecht.
Indikationen:	locoregional: Vorwiegend rheumatische Arm- und Schulterschmerzen, die beim Anziehen, aber auch beim Zuknöpfen etc. behindern.
3 E 12:	hsiao-shuo, Siao Leu = „Ableitung der Flüssigkeiten".
Lokalisation:	4 Cun distal der hinteren Achselfalte, in der Mitte der Oberarmrückseite.

Punktur:	5 Fen–1 Cun senkrecht.
Indikationen:	locoregional: Armschmerzen, sowie Schmerzen im Nakkenbereich.
	überregional: Kopfschmerzen, besonders nach Erkältung.

3 E 13: nao-hui, Yu Roe = „Vereinigung der gewölbten Muskulatur".
Funktion: Reunionspunkt mit dem außergewöhnlichen Gefäß Yang Oe.
Lokalisation: In einer Vertiefung, die 2 Cun lateral des Endes der hinteren Achselfalte am dorsalen Oberarm tastbar ist.
Punktur: 5 Fen–1 Cun senkrecht.
Indikationen: locoregional: Arm- und Schulterschmerzen, Kraftlosigkeit der Arm- und Schultermuskulatur mit Schmerzen im Schulterblatt. Lymphadenitis cervicalis.

3 E 14: chien-chiao, Tsienn Liou = „Schultergrube".
Lokalisation: Am hinteren Rand des Acromions in einer Vertiefung bei gehobenem Arm = Mitte der Strecke Di 15 zu Dü 10.
Punktur: 7 Fen–1 Cun senkrecht oder schräg abwärts.
Indikationen: locoregional: Arm- und Schulterschmerzen, die das Heben des Armes behindern.

3 E 15: t'ien-chiao, Tienn Liou = „Himmelsgrube".
Funktion: Reunionspunkt mit dem außergewöhnlichen Gefäß = „Wundermeridian" Yang Oe.
Lokalisation: In der Mitte zwischen Gb 21 und Dü 13 am oberen Trapeziusrand in der Schultermitte; oft deutlich druckempfindlich (Myogelose).
Punktur: 3–5 Fen senkrecht.
Indikationen: locoregional: Rheuma und Neuralgien der oberen Extremitäten, der Schulter- und Nackenregion, Unfähigkeit den Arm zu heben.
überregional: Chronische Erkrankungen der Atemwege.
allgemein: „Meisterpunkt" der Arme, hygrometrischer Punkt = **Wetterfühligkeit**. Verschlechterung durch Wind, Kälte und Nässe.

Bemerkung: Nach PETRICEK: Der Punkt 3 E 15 deckt sich mit dem Druckpunkt bei Affektionen des hinteren Teiles der Mandibula (Weisheitszähne), der Tonsillen (auch Narben!) und des Oropharynx immer homolateral, oft ist es zur Erzielung eines anhaltenden Heileffektes erforderlich, die primären Störfelder, auf die seine Druckempfindlichkeit hinweist, zu sanieren.

3 E 16: t'ien-yu, Tienn Iou = „Öffnung zum Himmel = Himmelsfenster".
Lokalisation: Hinter und etwas unter der Mastoidspitze in Höhe der natürlichen Haargrenze, distal von G 12.
Punktur: 5 Fen senkrecht.
Indikationen: locoregional: Nackenschmerzen, Torticollis, Schulterschmerzen, Occipitalneuralgien.
überregional: Hörsturz, Ödema Quincke.

Tradition: *3 E 16 gehört zu den sogenannten „Haupthimmelsfenstern". Manipulationen mit der Nadel waren an 3 E 16 verpönt, Moxibustion verboten!*

3 E 17: i-feng, I Fong = „Windschutz".
Funktion: Reunionspunkt mit dem Gallenblasenmeridian.
Lokalisation: In einer Vertiefung, **vor** der Spitze des Proc. mastoideus, hinter dem Ohrläppchen. (Bei stärkerem Druck auf 3 E 17 verspürt man einen leichten Schmerz im Ohr.)
Punktur: 2 Fen senkrecht oder mit nach vorne aufwärts gerichteter Nadel 1 Cun tief, Kollapsgefahr!
Indikationen: locoregional: Adenitis nuchae, Hypakusis, Tinnitus, Tubenkatarrh.
überregional: Akute und chronische Rhinitis mit zäher Schleimabsonderung. Erleichtert sofort die Nasenatmung. Zahnschmerzen, vor allem entzündliches und purulentes Geschehen im Zahn- und Kieferbereich, Trismus. Facialisparese, Trigeminusneuralgie.

3 E 18: chi-mo, Tchi Mo = „Energieversorgung der Meridiane".
Lokalisation: Hinter der Ohrmuschel, 1 Cun oberhalb von 3 E 17. (3 E 17, 3 E 18, 3 E 19 und 3 E 20 sind je 1 Cun voneinander entfernt und liegen an der natürlichen Haargrenze.)
Punktur: 1 Fen senkrecht oder 3—5 Fen schräg, evtl. Blutung hervorrufen.
Indikationen: locoregional: Tinnitus, Hypakusis, Cephalea.
überregional: Epilepsie, zentral bedingter Brechreiz, Sehstörungen.
allgemein: Angstgefühl.

3 E 19: lu-hsi, Lo Cheu = „Atemholen des Schädels".
Lokalisation: 1 Cun oberhalb von 3 E 18.
Punktur: 1—3 Fen schräg.
Indikationen: locoregional: Tinnitus, Otalgien.
überregional: Konjunktivitis, Konvulsionen der Kinder.

3 E 20: chüeh-sun, Ko Soun = „Ohrmuschelspitze".
Funktion: Reunionspunkt mit dem Gallenblasen- und dem Dünndarmmeridian.
Lokalisation: An der Haargrenze, in Höhe der Ohrmuschelspitze (beim Öffnen des Mundes formt sich dort eine kleine Vertiefung).
Punktur: 1—3 Fen schräg.
Indikationen: locoregional: Arthralgien des Mandibulargelenkes.
überregional: Zahnschmerzen, besonders der Schneidezähne, Zahnfleischentzündungen.

3 E 21: erh-men, Eu Menn = „Tor des Ohres".
Funktion: „**Meisterpunkt**" für alles Geschehen im Ohr, Reunionspunkt mit G- und Dü-Meridianen.
Lokalisation: In Höhe der Incisura tragica superior, im Grübchen zwischen Helix und Tragus, in jener Vertiefung, die bei leicht geöffnetem Mund entsteht.
Punktur: 3 Fen senkrecht—1 Cun schräg.
Indikationen: locoregional: Akute und chronische Otitis, Tinnitus, Zikadengesang, Taubheit, Otitis externa.
Facialis und Trigeminusneuralgien, Tics, Zahnschmerzen, Trismus, Punkt für die Zahnanalgesie, den Molarenbereich im Oberkiefer betreffend. Epistaxis.

Tradition: *3 E 21 stellt Verbindung zwischen Chao-Yang = 3 E, G und Tai-Yang = Dü, B her.*

3 E 22: ho-chiao, Roa Liou = „Grube, Sammelpunkt der Übereinstimmung".
Funktion: Reunionspunkt mit den Meridianen der Gallenblase und des Dünndarms.
Lokalisation: In einer Höhe mit dem oberen Rand der Ohrwurzel, am Hinterrand des Schläfenhaaransatzes, knapp hinter der Art. temporalis superficialis, über dem Arcus zygomaticus.
Punktur: 3—5 Fen schräg. (Cave arteriam!)
Indikationen: locoregional: Kopfschmerzen, Migräne, Facialisparese, Schwindel, Tinnitus.
Trismus, Arthralgien des Kiefergelenkes, Schwellungen im Oberkieferbereich.

3 E 23: szu-chu-k'ung, Seu Tchou Rong = „Hohler Bambus, Rohrpfeife".
Funktion: Reunionspunkt mit dem Gallenblasenmeridian.
Lokalisation: Am äußeren Ende der Augenbrauen, in einem Grübchen. (Über ein Sekundärgefäß Verbindung zu G 1).
Punktur: 2—3 Fen schräg, horizontal.
Indikationen: locoregional: Unerträgliche Kopfschmerzen oder Migräne, Schwindel, Epilepsie, Facialisparese, Sensibilitätsstörungen des Gesichtes.
Augenschmerzen, Entropium, Blepharospasmus, Konjunktivitis, Pterigium.
überregional: Otitis, Tinnitus, Hypakusis. Konvulsionen der Kinder, Schleimerbrechen.

Tradition: *Nach der Tradition ein energetischer Konzentrationspunkt, von dem die Energie des 3 E und des G-Meridians ihren Ausgang nimmt und über den man energetisch den 3 E im Sinne einer Sedierung beeinflussen kann. Außerdem besteht eine intrakranielle energetische Verbindung von 3 E 23 über G 1 zu LG 20. Die Moxibustion des Punktes war verboten.*

Meridian der Gallenblase (tan)

Tsou Chao Yang = kleines Yang des Fußes, The leg lesser Yang Meridian.

Abkürzungen in der Literatur: G, Gb = Gallenblase, Vb = Vesicule biliaire, GB = Gallbladder.

Die Gallenblase wird den Hohlorganen = Werkstättenorganen = fu zugerechnet, daher YANG.

Internationale Nomenklatur: Nr. XI.

Energieverlauf zentrifugal, vom Meridian Dreifacher Erwärmer zum Meridian der Leber.

Chronobiologie:
Optimalzeit zur Tonisierung 1—3 Uhr.

Der Zustimmungspunkt = IU = Pei shu ist B 19, 1 1/2 Cun seitlich der Dornfortsatzspitze des 10. Brustwirbels.

Der G 24 zählt als Hauptalarmpunkt des Meridians. Er liegt auf der vertikalen Mamillarlinie im 7. ICR (nach NIBOYET). Als sekundärer Alarmpunkt wird der G 23 angesehen. Er befindet sich im 4. ICR im Schnittpunkt der horizontalen Mamillarlinie mit der Präaxillarlinie.

Der äußere Verlauf des Meridians ist durch 44 Punkte gekennzeichnet (Abb. 11).

Verlauf: Der Meridian beginnt knapp seitlich vom äußeren knöchernen Orbitalwinkel, zieht dann in mehreren im Zick-Zack verlaufenden Kurven an der lateralen Schädelseite hin und her, um schließlich bei G 20 die mediale Partie des Mastoides zu erreichen. Von dort zieht er über die seitliche Halsregion zur Fossa supraclavicularis und weiter über die laterale Thoraxregion abwärts zum Abdomen. Er erreicht dort mit seinem 26. Punkt die Spina iliaca anterior superior, folgt dem Darmbeinkamm mit G 27 und G 28 und erreicht nun den Oberschenkel über dem Trochanter major femoris. Nun zieht er über die Außenseite des Oberschenkels nach abwärts zum Fibulaköpfchen (G 34) und weiter entlang der äußeren Fibu-

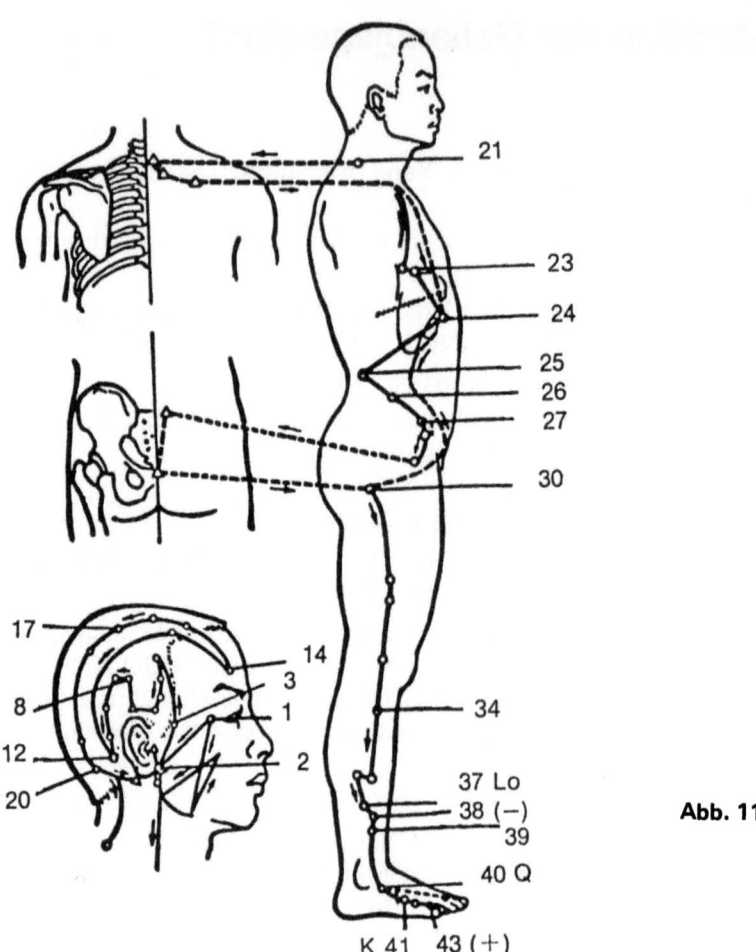

Abb. 11

Meridian der Gallenblase

Tonisierungspunkt = G 43
Sedativpunkt = G 38
Quellpunkt = G 40
Durchgangspunkt (Lo) = G 37 zu Le 3

Kardinalpunkt zur Einschaltung des
„Wundermeridians" Tai Mo = G 41
Zustimmungspunkt = B 19
Alarmpunkte = G 23/24

lakante über den Unterschenkel, um vor dem äußeren Knöchel den Fußrücken zu erreichen.
Sein 41. Punkt liegt im Winkel zwischen den Metatarsalia IV und V und von dort erreicht der Meridian seinen Endpunkt am äußeren Nagelfalzwinkel der 4. Zehe.

Tradition: *Der Gallenblase wurde in der Tradition eine Vorzugsstellung gegenüber den anderen Hohlorganen eingeräumt, weil sie als einzige zwar an der Assimilierung, nicht aber an der vorübergehenden Aufnahme oder am Transport von Nahrungsbestandteilen durch den Körper beteiligt ist. Sie wird daher als Hohlorgan mit qualitativ homogenen Inhalt im Gegensatz zu jenen, die heterogenen Inhalt führen, herausgehoben.*

Im Gesamtorganismus wurde ihr die Rolle des Orientierungsorganes, von dem die Entschlußfähigkeit ausgeht und das die Impulse der übrigen Organsysteme steuert, zugeschrieben. Sie hat Einfluß auf die Regulierung des Umlaufes der Bau- und Abwehrenergie, natürlich im Zusammenhang mit der Leber, deren Organkreis sie innerhalb der Wandlungsphasen angehört = Wind, Holz, Frühling. Dies macht die umfassende Wirkung des Meridians, der fast den ganzen lateralen Schädel und Körperbereich überzieht, verständlich.

Von den Emotionen beherrscht sie den Yang = explosiven Zorn und Ärger (Die Galle läuft einem über).

G 1: t'ung-tzu-chiao, Trong Tseu Liou = „Augapfelgrube", auch Tai Yang genannt, wie sein Namensvetter, der zu den 36 „außergewöhnlichen" Punkten zählt (siehe nächsten Punkt).
Funktion: Reunionspunkt mit dem 3 E und dem Dünndarmmeridian.
Lokalisation: 5 Fen seitlich des äußeren knöchernen Orbitalwinkels.
Punktur: 3—5 Fen schräg, horizontal. Nadel nach lateral gerichtet.
Indikationen: locoregional: Kopfschmerzen, Sensibilitätsstörungen des Gesichtes, Facialisparese. Wichtiger Punkt für Augenkrankheiten wie Blepharitis, Blepharospasmus, Refraktionsanomalien, Myopie, Hypermetropie, Keratitis, Opticusatrophie, Katarakt. Sinusitis frontalis. Bei Sinusitis und Migräne gemeinsam mit B 2 und P.d.M. = Yin Trang.

Tradition: *Intracranielle energetische Verbindung von G 1 zu LG 20.*

G 1–04: Tai Yang = „Höchstes Yang, Sonne" = Point cu-
= P.a.M. 9 rieux 17 = Extraordinary point 2.
Lokalisation: 1 Cun posterior von der Mitte einer Verbindungslinie zwischen 3 E 23 und G 1 in einer deutlichen Vertiefung der Schläfenregion.
Punktur: 3 Fen senkrecht oder bis 1 Cun schräg, oder Massage.
Indikationen: Jene, die bisher bei den meisten Autoren den Punkten G 3, bzw. 3 E 22 zugeschrieben wurden wie: Migräne, Kopfschmerzen, besonders bei Frauen, Augenaffektionen, Trigeminusneuralgie, Facialisparese, Zahnschmerzen. Aber auch durchblutungsregulierend auf den Schädel, (sogenannte Querdurchflutung) dazu hormonelle Wirkung über das Hypophysensystem auf das weibliche Genitale. Beeinflussung der Menses möglich! Vorverlegung, auch gegen übermäßige Regelblutung. Der Punkt soll während der ersten Tage der Periode nicht verwendet werden. Kollapsgefahr!

Tradition: *Der Punkt wurde bei Migräne im alten China mit einer opiumhaltigen Salbe massiert.*

G 2: t'ing-hui, Ting Roe = „Reunion des Gehörs".
Lokalisation: In der Höhe des Incisura intertragica, am hinteren Rand des aufsteigenden Mandibulaastes, in einer Vertiefung, die entsteht, wenn man den Mund weit öffnet.
Punktur: 3 Fen–7 Fen senkrecht (Cave Kiefergelenk!)
Indikationen: locoregional: Otitiden, Tinnitus, Taubheit, otogener Schwindel. Zahnschmerzen, Paradentose mit gelockerten Zähnen, Erkrankungen des Kiefergelenkes, entzündliche Affektionen im Molarenbereich, Trismus. Ophthalmische Migräne, Sensibilitätsstörungen des Gesichts, Facialisparese.
überregional: Konvulsionen, Folgezustände nach cerebralen Insulten, depressive Stimmung, Gedächtnisstörungen, der Kranke verliert beim Erzählen ständig den Faden.

G 3: k'o-chu-jen, Keu Tchou Jenn = „Gast und Hausherr" oder shang-kuan „Oberer Zugang, Paß, Grenze" genannt, im Gegensatz zu M 2 (7) = „Untere Grenze".
Funktion: Reunionspunkt mit dem 3 E Meridian und dem Yang Ming, (darunter versteht man den Magen- und Dickdarmmeridian).
Lokalisation: Am oberen Rand des Arcus zygomaticus, in einer Vertiefung, die sich beim Öffnen des Mundes formt, etwas vor und unter 3 E 22, direkt über M 2 (7).
Punktur: 3 Fen senkrecht, tiefe Punktur vermeiden!
Indikationen: Praktisch dieselben wie bei 3 E 22 beschrieben, siehe diese.

G 4: han-yen, Ham Ienn = „Kinnbacken, Sphenoidwinkel".
Funktion: Reunionspunkt mit dem 3 E und dem Yang Ming.
Lokalisation: An der oberen Schläfenpartie, 1 Cun unter M 8 (1) am vorderen Teil des Ansatzes des M. temporalis. (Patient Kaubewegungen ausführen lassen.)
Punktur: 3—7 Fen schräg, Nadel nach posterior gerichtet.
Indikationen: locoregional: Migräne, Augenflimmern, man kann nicht klar sehen, Rhinitis, Tinnitus, Trigeminusneuralgie des 1. Astes, Facialisparese. Hilfspunkt gegen epileptiforme Anfälle, Hemiparesen, motorische Aphasie.

G 5: hsiän-lu, luann Lo = „Kopfüberhang".
Funktion: Reunionspunkt mit dem 3 E Meridian und dem Yang Ming.
Lokalisation: Auf Höhe der Sutura parietalis, 1 Cun unter G 4, knapp innerhalb der Haargrenze.
Punktur: 3—5 Fen schräg, Nadel nach posterior gerichtet.
Indikationen: locoregional: Alle Augenleiden, Hemicranie mit Schmerzen zu den äußeren Augenwinkeln, Zahnschmerzen. überregional: Neurasthenie, ständige Nasensekretion.

G 6: hsüan-li, luann Li = „Imaginärer Balancepunkt".
Lokalisation: 1 Cun unter G 5, unterhalb der Vereinigung der Suturae frontoparietales mit dem Os sphenoideum, im unteren Drittel einer Verbindungslinie zwischen G 4 und G 7.

Punktur: 3–5 Fen schräg, Nadel nach posterior gerichtet.
Indikationen: locoregional: Migräne, Hemicranie, Schwellungen, Rötungen im Stirn- und Gesichtsbereich, Conjunktivitis, ausstrahlende Zahnschmerzen.

G 7: ch'ü-pin, Kou Penn = „Locke des Backenbartansatzes".
Funktion: Reunionspunkt mit 3 E, Dü und B Meridian.
Lokalisation: In Höhe der Ohrmuschelspitze, 1 Cun frontal von dieser, im Schnittpunkt mit einer durch den Vorderrand der Ohrmuschel gelegten Vertikalen.
Punktur: 3–5 Fen schräg, Nadel nach posterior gerichtet.
Indikationen: locoregional: Kiefergelenkschmerzen, Trismus, Wangenschmerzen mit Schwellung, Kopfschmerzen, Nackenschmerzen.

G 8: shuai-ku, Cheu Kou = „Ende des Tales".
Funktion: Reunionspunkt mit dem Blasen- und Dünndarmmeridian.
Lokalisation: 1 1/2 Cun über der Ohrmuschelspitze in einem Knochengrübchen.
Punktur: 3–5 Fen schräg, horizontal.
Indikationen: locoregional: Migränoide Kopfschmerzen im ganzen Kopf, „eingenommener Kopf" nach Alkoholgenuß, Schwindel.
überregional: Unstillbares Erbrechen.

G 9: T'ien-ch'ung, Tienn Tchrong = „Ansturm des Himmels".
Funktion: Reunionspunkt mit dem Dü und B-Meridian.
Lokalisation: Senkrecht, oberhalb des hinteren Ohrmuschelansatzes, 5 Fen occipital von G 8.
Punktur: 3 Fen schräg, horizontal.
Indikationen: locoregional: Kopfschmerzen, Zahnfleischentzündungen, Hilfspunkt bei epileptiformen Anfällen.

G 10: fu-pai, Fao Po = „Durchschimmernde Helligkeit".
Funktion: Reunionspunkt mit dem Dü und B-Meridian.
Lokalisation: Hinter und oberhalb der Ohrmuschel, im Schnittpunkt zwischen einer Horizontalen in Höhe der Augenbrauen (Hilfslinie bei der Schädelakupunktur) und einer Vertikalen durch den Hinterrand des Mastoides.
Punktur: 3 Fen schräg, horizontal.

Indikationen: locoregional: Tinnitus, Hypakusis, Halsschmerzen, Zahnschmerzen, Lymphadenitis cervicalis et nuchalis.
überregional: Schulter- und Armschmerzen, Thoraxschmerzen.

G 11: ch'iao-yin, Tsiao Yin = „Yin-Höhlung" (durch die das Yin eindringt).
Funktion: Wichtiger energetischer Punkt des G-Meridians, Reunionspunkt mit dem 3 E und B-Meridian.
Lokalisation: In einer deutlichen Knochendelle, am hinteren oberen Anteil des Mastoides, 1 1/2 Cun über G 12.
Punktur: 3 Fen schräg, horizontal.
Indikationen: locoregional: Scheitelkopfschmerzen, Augenschmerzen mit Augenflimmern, Nackenschmerzen.
überregional: Schmerzen in der seitlichen Thoraxregion, ständig bitterer Mundgeschmack.

G 12: wan-ku, luann Kou = „Knochen des Gehörorganes".
Funktion: Reunionspunkt mit dem Blasen- und Dünndarmmeridian.
Lokalisation: In einer Delle am Hinterrand der Mastoidspitze, dort wo sich der Ansatz des M. sternocleidomastoideus befindet (zur leichteren Lokalisation Kopf nach vorne beugen lassen).
Punktur: 3—8 Fen schräg.
Indikationen: locoregional: Facialisparese, Kopfschmerzen, Schwindel, Tinnitus, Angina mit zum Mastoid ausstrahlenden Schmerzen, Zahnschmerzen, Trismus, Nackenschmerzen.

G 13: pen-shen, Pounn Chenn = „Ursprung des shen".
Funktion: Reunionspunkt mit dem außergewöhnlichen Gefäß Yang Oe.
Lokalisation: In der seitlichen Stirnregion, in Höhe von B 4, von dem er 1 1/2 Cun lateral gelegen ist. 3 Cun lateral von LG 24.
Punktur: 3—5 Fen schräg, Nadel nach posterior gerichtet.
Indikationen: locoregional: Facialisparese, Augenleiden.
überregional: epileptiforme Anfälle, Nackensteifigkeit, Thoraxschmerzen.

Bemerkung: G 13 ist identisch mit der in der Schädelakupunktur beschriebenen Magen-Leber-Gallenzone.

G 14: yang-pai, lang Po = „Reines, blankes Yang".
Funktion: Reunionspunkt mit dem 3 E, Magen-Dickdarmmeridian und dem außergewöhnlichen Gefäß = „Wundermeridian" Yang Oe.
Lokalisation: Beim Blick geradeaus, genau über der Pupille, 1 Cun über der Mitte der Augenbrauen.
Punktur: 2—5 Fen senkrecht oder in Richtung Augenbrauen.
Indikationen: locoregional: Kopfschmerzen in der Frontalregion, Trigeminusneuralgien des 1. Astes, Tic's, Augenschmerzen mit Flimmern, verschwommene Sicht. Bei Augenleiden oft mit G 14—01 = P.a.M. 5 oder G 14—02 = Extra 3.
überregional: Testpunkt für Gallenerkrankungen, dann ist G 14 besonders druckempfindlich. Koliken können von ihm aus behoben werden. (Siehe Schädelakupunkturbemerkung bei G 13).

G 15: lin-ch'i, Linn Tsri = „Einstand der Tränen".
Funktion: Reunionspunkt mit dem 3 E und B-Meridian und dem außergewöhnlichen Gefäß Yang Oe.
Lokalisation: Mitte der oberen Stirnregion, innerhalb der natürlichen Haargrenze, auf einer Vertikalen durch die Pupillenmitte, in Höhe von B 4 und G 13.
Punktur: 3—8 Fen schräg, Nadel nach aufwärts gerichtet.
Indikationen: locoregional: Alle Augenleiden, behinderte Nasenatmung, epileptiforme Anfälle, Zustände nach cerebralen Insulten, Kongestionskopfschmerzen.

G 16: mu-ch'uang, Mou Tchang = „Augenfenster".
Funktion: Reunionspunkt mit dem außergewöhnlichen Gefäß Yang Oe.
Lokalisation: 1 Cun posterior von G 15.
Punktur: 3—8 Fen schräg, Nadel nach posterior gerichtet.
Indikationen: locoregional: Augenleiden, Lid- und Gesichtsödeme, Schwindel beim Drehen des Kopfes, Kopfschmerzen.

G 17: cheng-ying, Tching long = „Regelrechte Bahn".
Funktion: Reunionspunkt mit dem außergewöhnlichen Gefäß Yang Oe.
Lokalisation: Im Schnittpunkt einer Vertikalen durch den vorderen Ohrmuschelansatz = 1 Cun hinter G 16.
Punktur: 3—8 Fen schräg, Nadel nach posterior gerichtet.
Indikationen: locoregional: Kopfschmerzen, Augenflimmern, Zahnschmerzen, Gingivitis, Zahnabszesse.

G 18: ch'eng-ling, Sing Ling = „Empfang des Geistes".
Funktion: Reunionspunkt mit dem außergewöhnlichen Gefäß Yang Oe.
Lokalisation: 1 1/2 Cun hinter G 17.
Punktur: 3—8 Fen schräg, Nadel nach posterior gerichtet.
Indikationen: locoregional: Kopfschmerzen bei Zugempfindlichkeit.
überregional: Nasenbluten.

Tradition: *Punktur war verboten, nur Moxibustion erlaubt.*

G 19: nao-k'ung, No Rong = „Öffnung zum Gehirn".
Funktion: Reunionspunkt mit dem außergewöhnlichen Gefäß Yang Oe.
Lokalisation: 1 1/2 Cun oberhalb des folgenden Punktes G 20.
Punktur: 3—8 Fen schräg, Nadel nach abwärts gerichtet.
Indikationen: Heftige Kopfschmerzen, die zum Augenschluß zwingen, Photophobie, Nackenschmerzen, Nasenbluten.

Tradition: *HUA TUO empfahl G 19 besonders bei heftigen Kopfschmerzen.*

G 20: feng-ch'in, Fong Tcheu = „Teich des Windes".
Funktion: Reunionspunkt mit dem 3 E Meridian und dem außergewöhnlichen Gefäß = „Wundermeridian" Yang Oe.
Lokalisation: Am unteren Occipitalrand, hinter dem Mastoid in einer Vertiefung lateral des Ansatzes des M. Trapezius. Wenn man auf den Punkt G 20 klopft, spürt man die Repercussion im Ohr.
Punktur: 3 Fen senkrecht oder die Nadel in Richtung zur contralateralen Augenhöhle bis zu 1 Cun tief einstechen.
Indikationen: locoregional: Unerträgliche Nackenschmerzen, Torticollis mit LG 14. Migräne, Kopfschmerzen,

meniereformer Schwindel, Folgezustände nach cerebralen Insulten, Hypakusis, Tinnitus.
überregional: Augenschmerzen und Entzündungen mit ständigem Tränenfluß, Nasenbluten, Rhinitis. Abgeschlagenheit und Muskelschwäche bei Infekten, Muskelschmerzen in der Lendenregion, die den Kranken zwingen, eine gebückte Haltung einzunehmen.
allgemein: Wichtiger Punkt mit sympathicotoner Wirkung. Mit B 10 zur vegetativen Regulation = „Vegetative Basis". Allgemeine Schwäche des Nervensystems.

Bemerkung: Vorzüglicher Punkt für Aku-Injektionen im Schädelbereich, nach cerebralen Insulten, bei allen cerebralen Vasculopathien, seien es praemorbide oder Folgezustände.

G 21: chien-ching, Tsienn Tsing = „Brunnen der Schulter".
Funktion: Reunionspunkt mit dem 3 E und Magenmeridian sowie dem außergewöhnlichen Gefäß Yang Oe.
Lokalisation: Am höchsten Punkt der Schulter, über der Mitte zwischen Akromion und Unterrand des 7. Halswirbels.
Punktur: 5 Fen—1 Cun senkrecht.
Indikationen: locoregional: Alle Arten von Kontusionen, Schulter-, Rücken- und Nackenschmerzen, Schulter-Armsyndrom.
überregional: Zur Steigerung der Muskelkraft der unteren Extremitäten, zusammen mit G 34 und M 36. Thyreogene Dystonie, cerebrale Insulte, Schwindel, Blutungen nach Partus oder Abortus, Parametritis, Endometritis, Mastitis, auch Brustabszesse.

Tradition: *Extrem wichtiger Punkt! Bildet ein Zentrum der vitalen Energie, die über ihn beeinflußt werden kann. G 21 soll nicht während einer Schwangerschaft verwendet werden!*

G 22: yüan-yeh, luann le = „Abgrund der Flüssigkeiten".
Lokalisation: Arm heben lassen, 3 Cun unter der Mitte der Axilla, im 4. ICR in einer deutlichen Vertiefung.

Punktur: 3 Fen—1 Cun schräg.
Indikationen: locoregional: Intercostalneuralgien, Pleuralgien, Lymphadenitis axillae, Schulterschmerzen.
Tradition: *Moxibustion des Punktes verboten.*

G 23: che-chin, Tchre Tsinn = „Flankenmuskel".
Funktion: **Sekundärer Alarmpunkt** des Gallenblasenmeridians, Reunionspunkt mit dem Blasenmeridian.
Lokalisation: Im 4. ICR im Schnittpunkt der horizontalen Mamillarlinie mit der Präaxillarlinie (Patienten in Seitenlage den Arm heben lassen).
Punktur: 3—5 Fen schräg.
Indikationen: locoregional: Husten mit starkem Auswurf und Beklemmungsgefühl, man kann im Liegen nicht normal atmen.
überregional: Sodbrennen, saures Aufstoßen, Erbrechen, Hypersalivation. Alle Cholecystopathien, Koliken mit Schmerzausstrahlung zum Schulterblatt.
allgemein: Müdigkeit, dabei Unruhe, man kann nicht ruhig liegen, man ächzt und stöhnt.

G 24: jih-yüeh, Je lue = „Sonne und Mond".
Funktion: **Haupt-Alarmpunkt** des Gallenblasenmeridians, Reunionspunkt mit dem Milz-Pankreasmeridian und dem außergewöhnlichen Gefäß = „Wundermeridian" Yang Oe.
Lokalisation: Auf der vertikalen Mamillarlinie, im 7. ICR (Lokalisation nach NIBOYET), (ca. 5 Fen unter Le 14).
Punktur: 3—5 Fen schräg.
Indikationen: überregional: Schläfrigkeit bei Tage. Bei allen Lebererkrankungen mit Le 5 (bei anderen Autoren Le 6. (Li Kao), dessen Funktion: Durchgangs- = Lo-Punkt zum Gallenblasenmeridian.
G 24 allein bei Flatulenz, Fettunverträglichkeit, Cholangio- und Cholecystopathien. Singultus, Magenschmerzen.

G 25: ching-men, Tsing Menn = „Tor der Hauptstadt".
Der Punkt wird auch Tsri lu = Zustimmungs-

punkt der Energie oder Tsri Fou = Palast der Energie genannt.
Funktion: Er ist der **Alarm-** = Herolds- = Mo- = Mu-Punkt des Nierenmeridians.
Lokalisation: Am freien Ende der 12. Rippe. (Wenn man sich 1 1/2 Cun oberhalb des Nabels eine Horizontale denkt, schneidet diese den Punkt G 25).
Punktur: 3—5 Fen senkrecht.
Indikationen: locoregional: Intercostalneuralgie.
überregional: Wichtig bei Roemheldsyndrom, Darmspasmen, Gallenkoliken mit Schmerzen in der Skapularregion, Nephropathien, Nierenkoliken, Dysurie.

G 26: tai-mo, Tae Mo = „Gürtelgefäß".
Funktion: G 26 ist ein Punkt des außergewöhnlichen Gefäßes = „Wundermeridian" Tae Mo.
Lokalisation: Etwas vor dem höchsten Punkt des Darmbeinkammes, in der vorderen Axillarlinie, ca. 2 Fen über der Nabelhöhe.
Punktur: 3 Fen—1 Cun senkrecht.
Indikationen: locoregional: Hohe Ischialgien, Lumbago, Cystitis, Reizblase, Prostatitis, Adnexitis, Para- und Endometritis, alle entzündlichen Affektionen im kleinen Becken, Dysmenorrhoe, Menstruationsstörungen, alle Formen des Fluor. Erschwerte und schmerzhafte Defäkation.
allgemein: Spezialpunkt für gynäkologische Erkrankungen (spez. in der Tradition erwähnt).

G 27: wu-shu, Wou Chu = „5 Angelpunkte, Scharniere".
Funktion: G 27 ist ebenfalls ein Punkt des außergewöhnlichen Gefäßes Tae Mo = „Gürtelgefäß".
Lokalisation: 3 Cun unter G 26, auf der Höhe der Spina iliaca anterior superior. (7 Cun lateral von KG = Jenn Mo 4).
Punktur: 5 Fen—1 Cun senkrecht.
Indikationen: Im wesentlichen wie G 26.

G 28: wai-tao, Oe Tao = „Verbindungsstraße".
Funktion: G 28 ist ebenfalls ein Punkt des außergewöhnlichen Gefäßes Tae Mo = „Gürtelgefäß".

Lokalisation: Am vorderen Anteil der Spina iliaca anterior superior, 5 Fen unter G 27.
Punktur: 5 Fen–1 Cun senkrecht.
Indikationen: Siehe G 26, zusätzlich gegen Obstipation.

G 29: chü-chiao, Kou Liou = „Wohngrube".
Funktion: Reunionspunkt mit dem außergewöhnlichen Gefäß Yang Oe.
Lokalisation: Bei gebeugtem Oberschenkel am äußeren Ende der Inguinalfalte, bzw. in der Mitte einer Verbindungslinie zwischen der Spina iliaca anterior superior und dem erhabensten Punkt des Trochanter major.
Punktur: 8 Fen–1 Cun senkrecht.
Indikationen: locoregional: Rheumaschmerzen der Hüfte zusammen mit G 30, und der unteren Extremitäten, ausstrahlend in die Nierenregion.
überregional: Unterbauchschmerzen, Cystitis, Orchitis, Endometritis, Adnexaffektionen, seitliche Thoraxschmerzen, Schulterschmerzen.

Tradition: *Moxibustion verboten.*

G 30: huan-t'iao, Roann Tiao = „Sprung durch den (Lenden)Gürtel".
Funktion: Reunionspunkt mit dem Blasenmeridian (mit B 31, über Senkundärgefäß).
Lokalisation: a) Beim stehenden Patienten etwas hinter dem vorspringenden Punkt des Trochanter major in einer Vertiefung. b) In Seitenlage mit gestrecktem unteren Bein, beugt man das obere Bein mit der linken Hand, tastet nun den Punkt G 30 hinter dem Trochanter major in einer Vertiefung, etwa in Höhe des Hüftgelenks.
Punktur: 5 Fen–2 Cun senkrecht.
Indikationen: locoregional: Punkt für die Ischiastherapie, Kreuzschmerzen, Hüft- und Kniegelenksschmerzen, besonders jene, die sich in Ruhestellung sowie bei Feuchtigkeit und Kälte verschlimmern.
überregional: Hemiplegie, schlaffe Paresen der Beinmuskulatur, (tiefer Stich erforderlich), Dermatitiden, besonders mit Bläschenbildung, Ery-

thema nodosum mit rheumatoiden Beschwerden mit 3 E 5, B 23, B 54, Di 4, Di 11, MP 10.
allgemein: Eine extreme Druckempfindlichkeit kann auf Knochenerkrankungen, auch Eiterungen hinweisen. (Testpunkt wie B 11, N 6).

G 31: feng-shi, Fong Seu = „Stadt, Ort des Windes".
Lokalisation: An der Außenseite des Oberschenkels, 6 Cun oberhalb der Kniegelenksfalte oder dort, wo in „Habt acht = Stillgestanden"-Stellung, die Mittelfinger den Oberschenkel berühren.
Punktur: 5 Fen—2 Cun senkrecht.
Indikationen: locoregional: Rheumatische Schmerzen in den Kniegelenken mit Schwächegefühl in den Beinen, Ischialgie, Meralgia paraesthetica.
überregional: Pruritus universalis, Urticaria.
allgemein: Durch Wind und Zugluft ausgelöste oder verschlimmerte Beschwerden (s. Namen des Punktes).

G 32: chung-tu, Tchong Tou = „Mittlere Furche".
Lokalisation: 1 Cun unter G 31.
Punktur: 5 Fen—1 Cun senkrecht.
Indikationen: locoregional: Ischialgie, Muskelschwäche, Sensibilitätsstörungen.

Tradition: *G 32 ist durch Sekundärgefäße mit den Yin-Meridianen der Beine verbunden.*

G 33: yang-kuan, Yang Koann = „Grenze des Yang".
Lokalisation: Oberhalb des Epicondylus femoris lateralis, 1 Cun proximal vom Gelenkspalt oder 3 Cun oberhalb von G 34.
Punktur: 5 Fen—1 Cun senkrecht.
Indikationen: locoregional: Sensibilitätsstörungen, Schmerzen im Kniegelenk, die das Beugen und Strecken erschweren.
überregional: Parese der unteren Extremitäten.

Tradition: *Moxibustion verboten.*

G 34: yang-ling ch'üan, lang Ling Tsiuann = „Quelle des Yanghügels".
Funktion: Meisterpunkt der Muskulatur, Ho-Punkt des Meridians.

Lokalisation: In der Vertiefung, die bei gebeugtem Knie vor und unter dem Fibulaköpfchen tastbar ist.
Punktur: 3 Fen—1 Cun senkrecht.
Indikationen: locoregional: Spezialpunkt gegen Kniegelenksschmerzen. Rheumatische Gonarthritis, Gonarthrosen mit arthritischen Schüben. Coxarthralgien, Sensibilitätsstörungen der unteren Extremität, Muskelspasmen und Kontrakturen in diesem Bereich. Ödematöse Schwellungen und Entzündungen der Unterschenkel, Durchblutungsstörungen, ischialgieforme Schmerzen.
überregional: Paresen nach Hemiplegien, Cholecystopathien mit in die seitliche Thoraxgegend ausstrahlenden Schmerzen, atonische Obstipation.
allgemein: Als „**Meisterpunkt der Muskeln**" für alle Beschwerden und Krankheiten, die mit der Muskulatur und dem Sehnenapparat in Zusammenhang stehen. Wirkt auch auf die Durchblutung der unteren Extremitäten.
Bemerkung: Zur Hebung der Muskelkraft bei Sportlern (Lauf- und Springbewerbe, Rad- und Skisport).

G 34—1: EXTRA = extraordinary point Nr. 35 = P.a.M. 152 = Dannang = G 34—1 wird als „Gallenblasenpunkt" bezeichnet.
Lokalisation: 1 Meß-Cun = 1/2 Unterschenkel-Cun (die Entfernung vom Kniegelenkspalt bis zur Spitze des äußeren Knöchels beträgt 16 solcher Cun) unter G 34. (Der Sehnenansatz ist an dieser Stelle deutlich tastbar).
Punktur: senkrecht 1—1 1/2 Cun = 25—37 mm.
Indikationen: Erkrankungen der Gallenblase und der ableitenden Gallenwege, akutes und chronisches Stadium, auch Cholelithiasis, Ascaridiasis der Gallenwege mit Verschluß (ein in China relativ häufiges Krankheitsbild), Schwäche und Lähmungen der Unterschenkelmuskulatur, laterale Ischialgie.

G 35: yang-chiao, lang Tsiao = „Kreuzung des Yang".
Funktion: Reunionspunkt mit dem Yang Oe. (Nach Ansicht einzelner Autoren der „richtige" Gruppen-Lo-Punkt, statt bisher angegeben G 39).

Lokalisation:	Auf einer gedachten Vertikalen durch B 60, 7 Cun oberhalb der Spitze des Malleolus externus = 1 Cun dorsal von G 36.
Punktur:	6 Fen—1 Cun senkrecht.
Indikationen:	Laterale Ischialgien, Kniegelenksschmerzen, Unterschenkelschmerzen. überregional: Asthmoide Bronchitis mit Beklemmungsgefühl und Angstzuständen.
G 36:	wai-ch'iu, Oae Iao = „Äußerer Hügel".
Lokalisation:	In Höhe von G 35, aber 1 Cun dorsal von jenem.
Punktur:	3 Fen—1 Cun senkrecht.
Indikationen:	locoregional: Schmerzen lateral im Unterschenkel, Wadenkrämpfe — mit B 57. überregional: Nackenschmerzen mit Muskelkontrakturen.
Tradition:	*An G 36 beginnt sich die Energie des G-Meridians zu manifestieren. Der Punkt gilt als Spezialpunkt gegen exzessive Wutanfälle, oft zusammen mit Le 2/3, KG 15, LG 19.*
G 37:	kuang-ming, Koang Ming = „Strahlendes Licht".
Funktion:	**Durchgangs-** = Passage- = Lo- = Luo-Punkt. Über ihn Verbindung zum Quell- = IU-Punkt des gekoppelten Yin-Partners zum Punkt Le 3.
Lokalisation:	5 Cun oberhalb des äußeren Knöchels, am hinteren Fibularand.
Punktur:	5 Fen—1 Cun senkrecht.
Indikationen:	locoregional: Neuralgien und Paraesthesien der Unterschenkel, Muskelatonien. überregional: Cholecystopathien, Hepatopathien, bei Gallenkoliken zusammen mit G 38, Le 3, KG 13, G 24, B 19. Schläfenkopfschmerz, Augenschmerzen, Sehstörungen, Nachtblindheit. Wird auch als Fernpunkt zur Analgesie bei manchen Augenoperationen verwendet. allgemein: Peronaeustestpunkt.
G 38:	yang-fu, Iang Fou = „Unterstützung des Yang".
Funktion:	**Sedativpunkt** des Gallenblasenmeridians.
Lokalisation:	4 Cun oberhalb des äußeren Knöchels, am Hinterrand der Fibula.
Punktur:	5 Fen—1 Cun senkrecht.

Indikationen: locoregional: Von der Hüfte zum äußeren Knöchel ziehende Schmerzen, Arthralgien der Kniegelenke, Varizen.
überregional: Seitliche und Stirnkopfschmerzen, Schmerzen im Bereich des Canthus externus. Abnormes Schwitzen, Entzündungen und Abszesse der Achselhöhlen. Bitterer Mundgeschmack, Cholecystopathien.
allgemein: Herumziehende Schmerzen im ganzen Körper, häufig mit B 60, 3 E 10.

Tradition: *Nach NEI KING: Ein Konzentrationspunkt der Meridianenergie, über den man die „Fülle" beeinflussen kann.*

G 39: hsüan-chung, Iuann Tchong = „Mehrere, verschiedene Reunionen".
Funktion: Reunionspunkt für das **Knochenmark. Gruppen-Lo-Punkt.** (B − M − G − Meridiane).
Lokalisation: 3 Cun oberhalb des äußeren Knöchels, am Hinterrand der Fibula.
Punktur: 3 Fen−1 Cun senkrecht, oder zum Punkt MP 6 durchstechen. (Cave arteriam!)
Indikationen: locoregional: Ödematöse Schwellungen und Entzündungen im gelenksnahen Bereich.
überregional: Schmerzsensationen in den Knochen und Muskeln, rheumatische Gelenksschmerzen die einmal dieses, dann wieder ein anderes Gelenk befallen, Kontrakturen und Sensibilitätsstörungen im Bereich der Unterschenkel, Nacken- Rücken- und Kreuzschmerzen. Appetitlosigkeit, geblähter Oberbauch, Durchfälle abwechselnd mit Obstipation, Haemorrhoiden. Cerebrale Insulte und deren Folgen, Epilepsie.
allgemein: ständig cholerisch oder schlecht aufgelegt. (Siehe G 36).

Tradition: *Nach den „81 Fragen des gelben Kaisers HOANG TI", reagiert dieser Punkt das „Mark". − Einfluß auf Haematopoese.*

G 40: ch'iu-hsü, Tsiou Siu = „Hügel der Verträge".
Funktion: **Quellpunkt** des Meridians, steht in Verbindung mit dem Durchgangs- = Passage- = Lo-Punkt des Lebermeridians = Le 5. (Li Kao).

Lokalisation: Am Fußrücken, über dem Calcaneo-Cuboidgelenk, am vorderen unteren Anteil des äußeren Knöchels, in einem Grübchen.
Punktur: 3 Fen senkrecht—1 Cun schräg.
Indikationen: locoregional: Schmerzen und Schwellung im Bereich des Sprunggelenkes mit M 41.
überregional: Beklemmungsgefühl in der seitlichen Thoraxregion mit erschwerter Atmung. Cholecystopathien und lithiasis, Koliken, Hepatopathien, Darmspasmen. Schmerzen in der Nierenregion, am Beckengürtel, Muskelkontrakturen und Krämpfe, die das Gehen behindern, Ischialgie. Ödematöse Schwellungen des Gesichtes, Lymphadenitis axillaris.
allgemein: Allgemeine Müdigkeit und Schwäche, der Kranke kann sich nicht aufrecht halten.

G 41: lin-chi, Linn Tsri = „Wo die Tränen auftreffen".
Funktion: **Kardinal-** = Schlüsselpunkt, über den das außergewöhnliche Gefäß = „Wundermeridian" Tae Mo eingeschaltet werden kann. **„Meisterpunkt"** gegen rheumatische Beschwerden.
Lokalisation: Dorsal, im Winkel zwischen den Metatarsalia IV und V, in einer Mulde. (Kleine Zehe nach außen ziehen).
Punktur: 3—5 Fen senkrecht.
Indikationen: überregional: Konjunktivitis, Augenflimmern, Schmerzen in der Mastoidgegend, die über den Schädel ausstrahlen, Hypakusis. Rippenschmerzen, Pleuralgien, Lymphknotenschwellungen axillar, Mastitis. Übermäßiges Schwitzen, Dermatitiden der Axillarregion, Dysmenorrhoe.
allgemein: **Prostaglandin E1 Wirkung,** als Kardinalpunkt Wirkung bei allen Gelenkserkrankungen, bei rheumatischen Schüben, häufig zusammen mit 3 E 5 in dessen Funktion als Kardinalpunkt und ebenfalls Meisterpunkt, Neuralgien.

G 42: ti-wu-hui, Ti Wou Roe = „Fünf irdische Reunionen".
Lokalisation: 5 Fen unter G 41, zwischen dem 4. und 5. Metatarsale.
Punktur: 1—5 Fen senkrecht.

Indikationen:	überregional: Schmerzen in der Achselregion, Mastopathien, Tinnitus.
Tradition:	*Moxibustion verboten.*

G 43:	chia-hsi, Sie Tsri = „Talenge", „Am Rande der Rinne".
Funktion:	Tonisierungspunkt.
Lokalisation:	An der Vereinigung der 4. und 5. Zehe, im Spatium interdigitale, näher dem Metatarso-Phalangealgelenk der 4. Zehe.
Punktur:	3—5 Fen senkrecht, Nadel nach aufwärts gerichtet.
Indikationen:	überregional: **Konjunctivitis**, Tinnitus, Taubheit, Schwindel, Otitis externa. Zahn- und Kieferschmerzen, mit M 6, Di 4, G 41. Intercostalneuralgie, Mastitis, Schmerzen, die beim Drehen des Oberkörpers auftreten, ohne daß man sie genau lokalisieren kann.
	allgemein: Da G 43 der Tonisierungspunkt ist, wird er in erster Linie bei Völlegefühl und zur Anregung der Funktion der Gallenblase mit bitterem Mundgeschmack und galligem Aufstoßen, sowie atonischer Obstpiation verwendet.

G 44:	ch'iao-yin, Tsiao Inn = „Höhlung, Durchlaß zum Yin".
Funktion:	Anfangspunkt des TMM der Gallenblase.
Lokalisation:	1 Fen proximal und lateral vom äußeren Nagelfalzwinkel der 4. Zehe.
Punktur:	1—2 Fen senkrecht.
Indikationen:	überregional: Kopfschmerzen, Schmerzen in den äußeren Augenwinkeln, Angina, plötzliche Taubheit, Hörsturz, Krampfhusten, Atembeschwerden, Laryngopharyngitis. Schmerzen in der Herzgegend, Muskelkontrakturen, die das Heben der Arme erschweren. Mastitis.

Meridian der Leber (kan)

Tsou Tsiue Yin = gebeugtes Yin des Fußes. The leg absolute Yin Meridian.
Abkürzungen in der Literatur: Le = Leber, F = foie, Liv = liver.
Meridian eines Voll- = Speicherorganes = tsang, daher YIN.
Nach internationaler Nomenklatur: Nr. XII.
Energieverlauf zentripetal, vom Gallenblasenmeridian zum Lungenmeridian.
Chronobiologie:
Optimalzeit zur Tonisierung 3—5 Uhr.
Der Zustimmungspunkt = IU = Pei shu ist B 18, 1 1/2 Cun seitlich der Dornfortsatzspitze des 9. Brustwirbels gelegen.
Der Alarm- = Heroldpunkt = Mo = Mu ist Le 14, auf der Mamillarlinie im 6 ICR gelegen.
Der äußere Verlauf des Lebermeridians ist durch 14 Punkte gekennzeichnet (Abb. 12).

Verlauf: Er beginnt an der dorsalen Seite der großen Zehe am inneren Nagelwinkel, (nach einigen Autoren am Punkt „3 Haare", damit ist das behaarte Gebiet der Phalanx I gemeint) und zieht nun über den Fußrücken, 1 Cun vor dem inneren Knöchel auf die Innenseite des Unterschenkels, passiert dort bei MP 6 die Kreuzungszone der Yin-Meridiane des Fußes, und zieht weiter nach aufwärts zum medialen Ende der Kniegelenksfalte.

Nun geht sein weiterer Verlauf über die Innenseite des Oberschenkels zur Leistenbeuge. Seine Bahn umfließt die Genitalien. Von dieser Zone zieht er nun aufwärts bis zu den Punkten Le 13 (am freien Ende der 11. Rippe) und Le 14, seinem Alarmpunkt und Endpunkt seines äußeren Verlaufes, der auf der Mamillarlinie im 6. ICR lokalisiert ist.

Tradition: *Die Rolle der Leber im Gesamtorganismus wurde mit der Fähigkeit die Qualität einer Persönlichkeit aktiv zu projizieren, verglichen. Ihre Speicherfunktion für eine aufbau-*

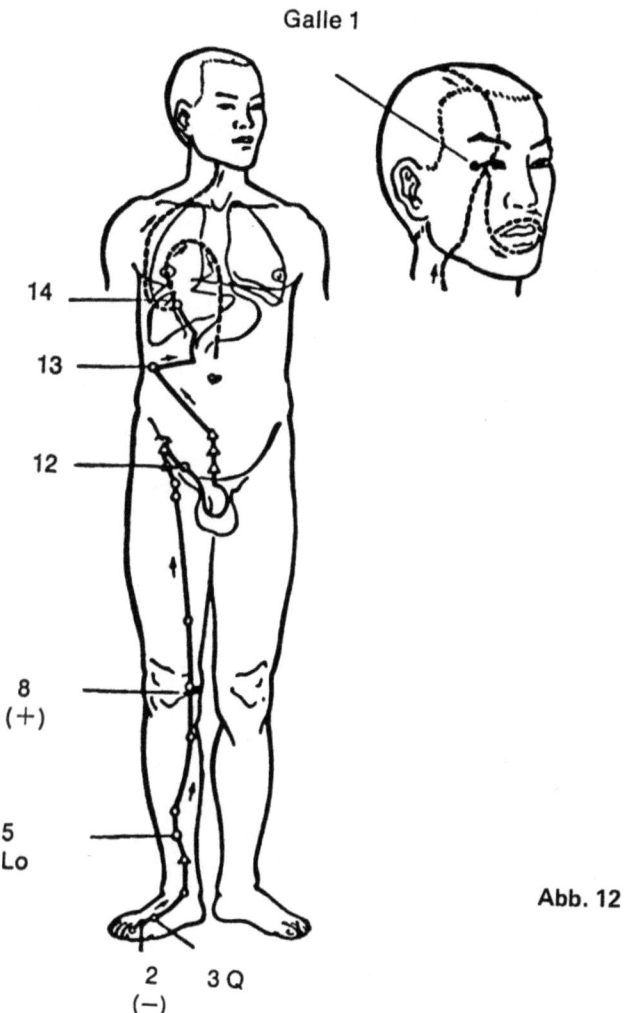

Abb. 12

Meridian der Leber

Tonisierungspunkt	= Le 8
Sedativpunkt	= Le 2
Quellpunkt	= Le 3
Durchgangspunkt (Lo)	= Le 5 zu G 40
Zustimmungspunkt	= B 18
Alarmpunkt	= Le 14
Alarmpunkt des MP-Meridians	= Le 13

ende individualspezifische Energieform wird damit dargetan. Ebenso ihr Regulationsmechanismus, der einem bestimmten Biorhythmus unterliegt.
Diese Energie ist entscheidend für die physische Kraft, auch für die Impotentia coeundi und der Grund für pathologische Ermüdungserscheinungen.
Die energetische Funktion der Leber ist daher für die Leistung des Muskel- und Sehnenapparates ebenso wie für jene der Retina verantwortlich.
Von den Emotionen wurde ihr die Yin = stille Wut, der verhaltene Ärger zugeschrieben. „Es ist ihm etwas über die Leber gelaufen."
In der Lehre der Entsprechungen wird der Organkreis Leber–Galle dem Wind, dem Holz im Frühling zugeordnet.
Der Leber-Meridian kann am besten mit der Bezeichnung „Assimilationsmeridian" charakterisiert werden.

Le 1: ta-tui, Ta Toun = „Großer Hügel".
Funktion: Anfangspunkt des TMM der Leber.
Lokalisation: 2 mm proximal und lateral vom der 2. Zehe nahen Nagelfalzwinkel der Großzehe.
Punktur: 1–3 Fen senkrecht.
Indikationen: überregional: Bei Beschwerden aller Arten von Hernien, besonders Skrotalhernien und Schenkelhernien, Descensusbeschwerden, Schmerzen in der Genitalregion bei beiden Geschlechtern. Kolikartige Bauchschmerzen, Blähungen, Obstipation mit G 34, Menorrhagie, Harninkontinenz, abnormes Schlafbedürfnis.
Bemerkung: Le 1 ist besonders bei Unterbauchbeschwerden hilfreich.

Le 2: hsing-chien, Sing Tsien = „Wirksamer Intervall".
Funktion: **Sedativpunkt** des Lebermeridians, **Spasmolysepunkt.**
Lokalisation: In der interdigitalen Hautfalte zwischen der 1. und 2. Zehe, am lateralen Ende des Großzehengrundgelenkes.
Punktur: 3–5 Fen schräg aufwärts.
Indikationen: locoregional: Kontrakturen und Muskelspasmen, Entzündungen und Schmerzen des Fußrückens, laterale Ischialgie.

überregional: Lichtscheu mit Tränenfluß, alle Augenaffektionen. Krampfhusten mit Brustschmerzen. Abnormes Durstgefühl, Diabetes mellitus, alle Hepatopathien, abwechselnd Durchfälle und Verstopfung, Darmspasmen, Aufstoßen, Brechreiz. Roemheldsyndrom, Myocardose durch gestörte Leberfunktion. Menorrhagie, Harninkontinenz, Tenesmen, Sphincterspasmen, Penisschmerzen, Beschwerden durch Hernien.
allgemein: Starke spasmolytische Wirkung. Reizbarkeit, cholerisch, zornig, verträgt keinen Widerspruch, Kopfschmerzen, Ohnmacht, Konvulsionen, abnorme Eßlust, stoffwechselbedingte abnorme Müdigkeit.

Le 3: t'ai-ch'ung, Tae Tchrong = „Der große Treffpunkt".
Funktion: Quellpunkt, steht in Verbindung zum Durchgangs- = Passage- = Lo- = luo-Punkt seines gekoppelten Yang-Partners, zum Punkt G 37.
Lokalisation: In einer Vertiefung, im Winkel zwischen dem 1. und 2. Metatarsale. (Bifurkation der A. dorsalis pedis — A. metatarsea perforans).
Punktur: 3—5 Fen senkrecht.
Indikationen: Siehe Le 2, zusätzlich Herzschmerzen, Hypertonie, spastische Obstipation, Haemorrhoiden, Mastitis, Menorrhagie, besonders bei Jugendlichen.
allgemein: Spasmolyse, allein oder unterstützend zu Le 2. „Ärgerpunkt".
Bemerkung: Wegen seiner anatomisch ähnlichen Lokalisation wird er auch „Di 4 des Fußes" genannt.

Le 4: chung-feng, Tchong fong = „Verschluß, Versiegelung der Mitte".
Lokalisation: 1 Cun oberhalb des inneren Knöchels in einer Vertiefung zwischen dem M. extensor hallucis longus und M. tibialis anterior.
Punktur: 3—5 Fen senkrecht.
Indikationen: locoregional: Muskelkontrakturen und Durchblutungsstörungen im Unterschenkel die das Gehen behindern, kalte Füße.

Tradition: überregional: Unwohlsein nach dem Essen, Schmerzen und Blähungen, Appetitlosigkeit, Subikterus. Penisschmerzen, Dysurie, Harnverhaltung, Pollutionen, Hernien.

Tradition: *Hilfspunkt zur Malariatherapie, auf der Höhe der Krisen (Schüttelfröste) vorteilhaft.*

Anmerkung
Beim folgenden Punkt Le 5 treten ernstliche Schwierigkeiten auf, die sowohl seine Lokalisation und Numerierung, als auch seine Funktion betreffen. Zur Begründung, warum in den Lehrbüchern derartig differente Angaben vorkommen können: Der chinesische Name des Punktes li-kou = Li Kao klärt das Dilemma. Li Kao = „Rinnenende" ist nicht der Kreuzungspunkt der 3 Yin-Meridiane des Fußes, dies ist vielmehr der Punkt MP 6 mit seinem bezeichnenden Namen San Yin Tsiao = „Kreuzung, Treffpunkt der 3 Yin" der bei vielen Autoren als Le 5 und N 8 geführt wird, wodurch der am Lebermeridian etwas höher gelegene echte Le 5 dann die Nummer Le 6 erhielt und als Durchgangspunkt = Passagepunkt = Lo-Punkt geführt wurde.

Halten wir also fest: Der richtige Kreuzungspunkt der 3 Yinmeridiane des Fußes ist MP 6, die Punkte Le 5 und N 8 sind wohl in der Kreuzungszone gelegen, haben auch zum Großteil ähnliche Indikationen, sie sind jedoch auf ihrem Meridian lokalisiert und zwar N 8 1 Cun unterhalb der Kreuzung auf dem Nierenmeridian, Le 5 2 Cun oberhalb der Kreuzung auf dem Lebermeridian.

Als Durchgangs- = Lo-Punkt kommt daher nur Li Kao = **Le 5** in Betracht. Dadurch verschiebt sich die Numerierung, die an sich nur eine Äußerlichkeit darstellt und mit der Wertigkeit der Punkte nichts zu tun hat, sodaß der nächste wichtige, am inneren Ende der Kniegelenksfalte gelegene Punkt der Ho-Punkt des Meridians nun nicht die Bezeichnung Le 9 sondern Le 8 erhält.

Le 5: li-kou, Li Kao = „Rinnenende".
Funktion: **Durchgangs-** = Passagepunkt = Lo = luo-Punkt mit Verbindung über das transversale Lo-Gefäß zu seinem gekoppelten Yang-Partner, dem Gallenblasenmeridian und zwar zu dessen Quellpunkt G 40.

Lokalisation: 5 Cun oberhalb der Spitze, des inneren Knöchels, an der Innenkante der Tibia = 2 Cun cranial von MP 6, bzw. 1 Cun distal von MP 7.
Punktur: 3 Fen senkrecht—1 Cun schräg.
Indikationen: locoregional: Schmerzen beim Beugen des Unterschenkels.
überregional: Kontrakturen der Rückenmuskulatur, Singultus, Hepatopathien mit zeitweilig hellem Stuhl und Pruritus, Colitis, Darmspasmen, Cholangiopathien, Flatulenz, Beschwerden durch Hernien. Schmerzen im Unterbauch, Dysurie, Oligomenorrhoe, unregelmäßige Menstruation, alle Formen des Fluors. Generalisiertes Hautjucken.
allgemein: Traurige Verstimmung, Angstgefühl, Globusgefühl, Schwindel.

Le 6: chung-tu, Tchong Tou = „Zentrale Hauptstadt".
Lokalisation: 7 Cun oberhalb der Spitze des inneren Knöchels, knapp hinter dem inneren Tibiarand.
Punktur: 3 Fen—1 Cun senkrecht oder schräg.
Indikationen: locoregional: Knie- und Knöchelschmerzen.
überregional: Menorrhagie, Blutungen post partum, unstillbare Durchfälle, Koliken besonders im Unterbauch, Hernienbeschwerden.

Le 7: hsi-kuan, Tcheu Koann = „Grenze des Knies".
Lokalisation: 3 Cun unter dem medialen Kniegelenksspalt, unter und hinter dem medialen Gelenkskopf der Tibia = 1 Cun posterior von MP 9.
Punktur: 5 Fen—1 Cun senkrecht.
Indikationen: locoregional: Schmerzen an der Innenseite des Kniegelenks, vorwiegend rheumatischer Genese, die das Gehen behindern.

Le 8: ch'ü-chüan, Kou Tsiuann = „Quelle an der Biegung".
Funktion: Tonisierungspunkt des Lebermeridians, Ho-Punkt.
Lokalisation: Am medialen Ende der Kniegelenksfalte, neben dem Innenrand der Tuberositas tibiae, vor der Sehne des M. semimembranaceus.
Punktur: 3 Fen—1 Cun senkrecht.

Indikationen: locoregional: Schmerzen an der Innenseite der Oberschenkel, im Kniegelenk mit Muskelkontrakturen, die die Bewegung erschweren.
überregional: Leberinsuffizienz mit Augmentatio hepatis, hellem Stuhl und Pruritus, Cholangiopathien, Ulcuskrankheit, abwechselnd Durchfälle und Verstopfung, auch mit Schleim- und Blutbeimengung, Darmspasmen. Dysurie, sexuelle Schwächezustände, Pollutionen, Ejakulatio praecox, Penisschmerzen, Oligospermie. Bindegewebsschwäche im kleinen Becken, Dysmenorrhoe, Vaginalschmerz, Pruritis vulvae. Nachtblindheit, allgemeine Sehschwäche.
allgemein: Der Punkt wird wegen seiner psychisch und somatisch kräftigenden Wirkung auf den Organismus häufig verwendet. Z.B. bei Unruhe, Reizbarkeit, seelischen Depressionen, Globusgefühl, allgemeiner Müdigkeit, Schwindel.

Le 9: yin-pao, Yin Pao = „Hülle des Yin".
Lokalisation: 5 Cun oberhalb der inneren Kniegelenksfalte, in der Mulde, die an der Innenseite des Oberschenkels durch den M. vastus medius und den M. sartorius gebildet wird.
Punktur: 5 Fen—1 Cun senkrecht.
Indikationen: locoregional: Schmerzen an der Innenseite des Oberschenkels.
überregional: LWS und Steißbeinschmerzen, Lumbago, Dysurie, Harninkontinenz, unregelmäßige Menstruation.

Le 10: wu-li, Wou Li = „Fünf Gegenden".
Lokalisation: 1 Cun unter der Leistenbeuge, über der A. femoralis = 3 Cun unterhalb von M 30.
Punktur: 5 Fen—3 Cun senkrecht. (Cave arteriam!).
Indikationen: locoregional: Genitaler Pruritus, Skrotalekzem.
überregional: Meteorismus, Harnverhaltung nach sexueller Übererregung.
allgemein: Übermäßiges Schlafbedürfnis.

Le 11: yin-lien, Inn Lien = „Yin-Einengung".
Lokalisation: 1 Cun unterhalb der Inguinalfalte, über der A. femoralis, die man dort pulsieren fühlen kann. („Unterhalb der inguinalen Lymphknoten") 2 Cun unter M 30.

Punktur: 5 Fen—1 Cun senkrecht. (Cave arteriam!)
Indikationen: locoregional: Schmerzen an der Innenseite der Oberschenkel, Durchblutungsstörungen der Beine.
überregional: Fluor, Menstruationsirregularität.
Tradition: *Spezialpunkt gegen die Sterilität der Frau. Moxibustion empfohlen.*

Le 12: chi-mo, Ti Mo = „Rascher Fluß".
Lokalisation: 2 1/2 Cun lateral der Mitte der Schambeinfuge, praktisch ident mit der Lokalisation des Leistenkanals.
Punktur: 5 Fen—1 Cun senkrecht. (Cave arteriam!)
Indikationen: locoregional: Schmerzen in der Leistengegend, den anliegenden Teil des Oberschenkels, Penisschmerzen, Descensus und Prolapsbeschwerden.
Bemerkung: Le 12 wird in der alten Literatur nicht erwähnt. In der modernen chinesischen Literatur wird nur die Moxibustion des Punktes mit der „Moxazigarre" für 3—5 Minuten empfohlen.

Le 13: chang-men, Tchang Menn = „Pforte des Obdaches".
Funktion: Alarm- = Heroldspunkt = Mo = mu des **Milz-Pankreas** Meridians. **Reunionspunkt** mit dem Gallenblasenmeridian. **Stoffwechselpunkt** (ACTH).
Lokalisation: Unter dem freien Ende der 11. Rippe, an deren Schnittpunkt mit der Medio-Axillarlinie. (Beim stehenden Patienten zeigt die Ellbogenspitze bei gebeugtem angelegtem Arm auf den Punkt.)
Punktur: 3 Fen—1 Cun senkrecht oder schräg.
Indikationen: locoregional: Intercostalneuralgie, basale Pleuralgien.
überregional: Alle Störungen des Verdauungstraktes, bitterer Mundgeschmack, saures und galliges Erbrechen, Anorexie, Hepathopathien, Cholecysto- und Cholangiopathien, Gastroduodenitis, Ulcuskrankheit, Enteritis, Colitis besonders spastica, Anaemie, Diabetes mellitus, auch exkretorische Pankreasinsuffizienz, Meteorismus.
allgemein: Allgemeine Müdigkeit, besonders in der Rekonvaleszenz, Energiemangel.
Tradition: *Ein Konzentrationspunkt für die Energie der 5 Vollorgane (Lu, MP, H, N, Le) und der Reserveenergie.*

Le 14: ch'i-men, Tchi Menn = „Tor der Zeit, Epoche".
Funktion: Alarm- = Heroldspunkt = Mo = mu des **Leber**-Meridians. **Reunionspunkt** mit dem MP-Meridian und dem außergewöhnlichen Gefäß = „Wundermeridian" Yin Oe.
Lokalisation: Auf der Mamillarlinie, wo diese den 6. ICR schneidet, 4 Cun lateral von der Medianlinie = KG = Jenn Mo.
Punktur: 3 Fen—1 Cun schräg.
Indikationen: locoregional: Intercostalneuralgie, basale Pleuralgien.
überregional: Beklemmungsgefühl und starke Atemnot, Stauungszeichen, der Kranke kann nicht flach liegend schlafen. Leber-, Magen- und Darmstörungen mit Meteorismus, Kopfschmerzen und Müdigkeit nach dem Essen, Durchfälle, unerträgliche Schmerzen im Epigastrium, Erbrechen.
allgemein: Seekrankheit, Schwangerschaftserbrechen.

Tradition: *Wichtiger Punkt bei schwierigen Geburten, sowie für alle Affektionen post partum.*

Das Lenkergefäß = Gouverneurgefäß = Tou Mo = tu-mo

Abkürzungen in der Literatur: LG = Lenkergefäß, GG = Gouverneurgefäß, VG = Vaisseau Gouverneur, GV = Governing Vessel. Tou Mo = Tu Mo = Du Mai = „Gefäß des Herrschers, des Herrschens".
Nach internationaler Nomenklatur: Nr. XIII.
Energieverlauf: Aufsteigend.
Chronobiologie:
Optimalzeiten: keine.
Zustimmungspunkt: B 16 = Tuo Iu.
Alarmpunkt: keiner.
Wir haben uns der derzeit in China gültigen Numerierung angeschlossen und zählen 28 Punkte auf dem LG (Abb. 13).

Verlauf: Das LG = Tou Mo beginnt am Perineum, zwischen Steißbeinspitze und After und zieht nun entlang der dorsalen Medianlinie über die Processi spinosi aufwärts über den Nacken, über die Mittellinie des Kopfes, über das Gesicht und endet am Lippenbändchen der Oberlippe. (Reunionszone mit dem Konzeptionsgefäß und dem Magenmeridian).

Tradition: *Dieser Meridian zählt zu den 8 unpaarigen Leitbahnen = Chi-ching pa-mo und wird gleichzeitig als eines der 8 außergewöhnlichen Gefäße = „Wundermeridiane" bezeichnet. Dies deshalb, weil ihm nach der Tradition die Leitung einer bestimmten Energieform, der ancestralen Energie = Urenergie, zugesprochen wird.*
Darunter hat man das von den Vorfahren ererbte, bei jedem Individuum verschieden große Maß dieser Energie zu verstehen. Diese Energiemenge ist unveränderlich und wirkt wie ein Katalysator, sie erschöpft sich jedoch bei schweren, langdauernden Erkrankungen.
Sie ist auch bestimmend für die Reaktion des betreffenden Organismus in Hinblick auf das Auftreten und die Auseinandersetzung mit bestimmten Krankheiten (konstitutionsbedingte Faktoren, Reaktionslage).

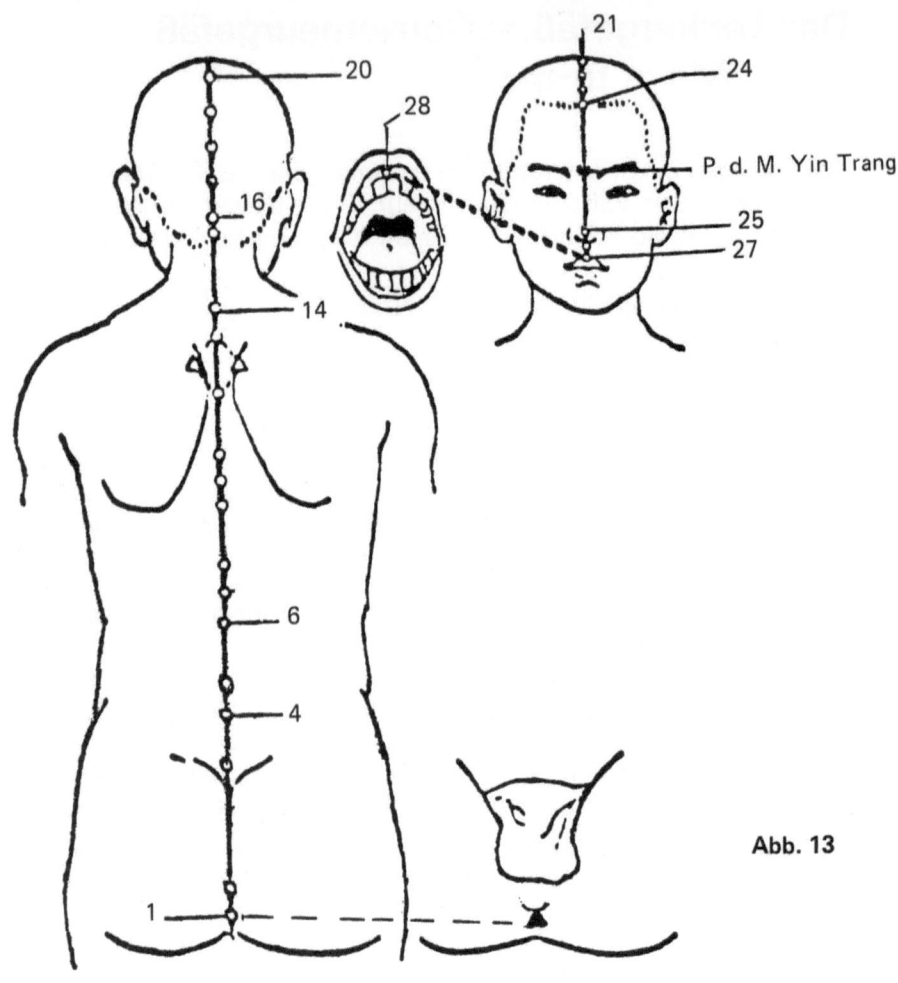

Abb. 13

Lenkergefäß oder Tou-Mo

Als Einschaltpunkt für das außergewöhnliche Gefäß = „Wundermeridian" Tou-Mo, gilt Dü 3

Da das LG über den Rücken = Yang verläuft, steht es mit allen Yang-Meridianen in Verbindung und kann als Regulator und Erreger aller aktiven Energie (Yang-Ch'i) des Körpers wirken.

Bemerkung: Das Lenkergefäß = Tou Mo = Du Mai gehört zu den 8 unpaarigen Meridianen, die auch als außergewöhnliche Gefäße = „Wundermeridiane" bezeichnet werden. Da Tou Mo und Jenn Mo als einzige dieser acht eigene Punkte besitzen, werden sie von den meisten Autoren den zwölf Hauptmeridianen zugezählt.
Ihre über die ihnen zugehörigen Kardinalpunkte mögliche Aktivierung birgt weitere therapeutische Anwendungsmöglichkeiten in sich, die über die Wirkungen der Punkter einzelner ihrer Punkte hinausgehen.

LG 1: chang-ch'iang, Tchiang Tsiang = „Zuwachs der Kraft, Frische".
Funktion: Reunionspunkt mit dem Konzeptionsgefäß, sowie mit dem Nieren- und Gallenblasenmeridian.
Lokalisation: Auf der Medianlinie, in der Mitte zwischen Steißbeinspitze und Anus.
Punktur: 5 Fen—1 Cun schräg, etwas aufwärts.
Indikationen: locoregional: Analprolaps, Proctitis, alle Arten der Haemorrhoiden, Analekzem, Pruritus ani, Vaginismus, Dysurie, Urethritis, Impotenz.
überregional: Kreuzschmerzen, spastische Obstipation.
allgemein: Sexualpunkt.
Bemerkung: Der Punkt wird wegen seiner Lokalisation selten verwendet.

LG 2: yao-shu, Iao Iu = „Zustimmungspunkt für die Lumbalregion".
Lokalisation: Unter dem 4. Sacralwirbel, über dem Gelenkspalt, zwischen Steißbein und Kreuzbein.
Punktur: 2 Fen—1 Cun schräg, leicht aufwärts.
Indikationen: locoregional: Ischias, Lumbalgien, vor allem chronische, Haemorrhoiden, Analprolaps, Analekzem.
überregional: Menstruationsirregularität, Paresen der unteren Extremitäten.

LG 3: yang-kuan, lang Koann = „Grenze, Barriere des Yang".
Lokalisation: Unter der Dornfortsatzspitze des 4. LW.
Punktur: 3 Fen—1 Cun schräg nach aufwärts.
Indikationen: locoregional: Neuralgien und Schmerzen nach Traumen in der Rücken- und Lendengegend.
überregional: Lähmungen und Kontrakturen der unteren Extremitäten. Menstruationsirregularität, Impotenz, nächtliche Pollutionen. Enteritis, Diarrhoe.
allgemein: Nervöse Störungen nach Traumen, Schock.
Bemerkung: Spezialpunkt gegen Folgezustände nach Commotio cerebri (siehe auch Schädelakupunktur.

LG 4: ming-men, Ming Men = „Tor des Glanzes, des Lebens".
Lokalisation: Unter der Dornfortsatzspitze des 2. Lumbalwirbels.
Punktur: 3 Fen—1 Cun schräg aufwärts.
Indikationen: locoregional: Lumbago, regionale Radiculitis.
überregional: Impotenz, Frigidität, alle sexuellen Mangelzustände, auch als Folge von Müdigkeit, Erschöpfung, Anaemien, Enuresis, Pollutionen, Endo- und Parametritis, Fluor, Pollakisurie, Urethritis. Bauchschmerzen mit Durchfällen, Haemorrhoiden. Alle Konvulsionen bei Kindern, auch epileptiforme Anfälle, allgemeine Erschöpfung, hämmernde Kopfschmerzen, Tinnitus.
allgemein: Der wichtigste Sexualpunkt in der Akupunktur. Vermutlich wirksam durch direkte segmentale Einwirkung auf die Nebennierenrinde (LG 4 liegt in derselben Höhe wie B 23 und B 47, siehe diese).

LG 5: hsüan-shu, luann Tchou = „Hängender Angelpunkt, Drehpunkt".
Lokalisation: Unter dem Dornfortsatz des 1. Lendenwirbels (Patienten Rücken krümmen lassen).
Punktur: 3 Fen—1 Cun schräg aufwärts.
Indikationen: locoregional: Lenden- und Rückenschmerzen.
überregional: In die Hüften und Oberschenkel ausstrahlende Schmerzen, auch Sensibilitätsstörungen, Dyspepsie, Enteritis, Durchfälle.

LG 6: chi-chung, Tsi Tchong = „Zentraler Wirbel des Rückens".
Lokalisation: Unter dem Dornfortsatz des 11. Brustwirbels. (In Höhe von B 20).
Punktur: 3 Fen—1 Cun schräg aufwärts.
Indikationen: locoregional: Schmerzen und rheumatische Beschwerden in diesem Bereich.
überregional: Appetitlosigkeit, Verdauungsstörungen, Durchfälle, Haemorrhoiden, Hilfspunkt bei Ikterus. Entwicklungsstörungen der Kinder, epileptiforme Anfälle.
Tradition: *Zur Steigerung der Abwehrkraft bei Infekten mit Di 4, Di 11, M 36, LG 14.*

LG 7: chung, shu, Tchong Su = „Mittlerer Angelpunkt".
Lokalisation: Unter der Dornfortsatzspitze des 10. BW. Wir bezeichnen ihn als LG 6a, um die bisher im Westen übliche Reihenfolge nicht zu verwirren.
Punktur: 3 Fen—1 Cun schräg aufwärts.
Indikationen: locoregional: Schmerzen in diesem Bereich.
überregional: Magenschmerzen, Appetitlosigkeit, Schmerzen im Rücken, Sehschwäche.
Bemerkung: Siehe B 19, in selber Höhe als Zustimmungspunkt des Gallenmeridians und dessen Indikationen, ähnliches gilt für alle in Höhe eines Zustimmungspunktes lokalisierten Punkte des LG.
Dieser Punkt wurde in den meisten Büchern nicht erwähnt. Seine Lokalisation verdanken wir WONG TCHU, der ihn in seinem Werk „Traité de l'Acupuncture" anführt.

LG 8: chin-su, Tinn Tchou = „Angespannter Muskel".
Lokalisation: Unter dem Dornfortsatz des 9. BW.
Punktur: 3 Fen—1 Cun schräg aufwärts.
Indikationen: locoregional: Schmerzen im Rücken- und Lendenbereich.
überregional: Magenschmerzen, Hilfspunkt bei Herzschmerzen. Neurasthenie, Hysterie, epileptiforme Anfälle.

LG 9: chih-yang, Tchi lang = „Ankunft des Yang".
Lokalisation: Unter dem Dornfortsatz des 7. Thoracalwirbels.
Punktur: 3 Fen—1 Cun schräg aufwärts.
Indikationen: locoregional: Intercostalneuralgie, Lenden- und Rückenschmerzen.
überregional: Oberbauchschmerzen, Cholecystopathie, basale Lungenaffektionen, Herzschmerzen.

Tradition: *Zentraler Punkt des Rückens, Konzentrationspunkt des Tai Yang = Energie des Blasenmeridians, daher bei allgemeinem Energiemangel, Asthenia gravis.*

LG 10: ling-t'ai, Ling Tae = „Monument des Geistes, der Seele".
Lokalisation: Unter dem Dornfortsatz des 6. BW.
Punktur: 3 Fen—1 Cun schräg aufwärts.
Indikationen: locoregional: Lokale Rückenschmerzen, Intercostalneuralgie.
überregional: Asthma bronchiale, Lungenaffektionen, Magenschmerzen.
Bemerkung: gegen Entwicklungsstörungen der Kinder, auch bei psychischer und physischer Schwäche der Kinder.

Tradition: *Nach SO QUENN häufig gebrauchter Punkt, der jedoch auf den Bronzestatuen, die erhalten geblieben sind, nicht verzeichnet ist.*
LG 10 galt als Spezialpunkt gegen chronischen Husten mit Atembeschwerden, die eine Schlafstörung verursachen.
Seine Punktur war verboten, nur die Moxibustion erlaubt.

LG 11: shen-tao, Chenn Tao = „Straße der Vorsehung".
Lokalisation: Unter dem Dornfortsatz des 5. Thorakalwirbels.

Punktur: 3 Fen–1 Cun schräg aufwärts.
Indikationen: locoregional: Intercostalneuralgie, Muskelschmerzen, spondylogene Schmerzen.
überregional: Bronchitis, alle Herzerkrankungen, Neurasthenie, Psychasthenie, Angstgefühl, epileptiforme Anfälle.
Tradition: *Spezialpunkt gegen alle Herzaffektionen. (Siehe B 15).*

LG 12: shen-chu, Chenn Tchu = „Säule des Körpers".
Lokalisation: Auf der dorsalen Medianlinie, unter dem Dornfortsatz des 3. Brustwirbels.
Punktur: 3 Fen–1 Cun schräg aufwärts.
Indikationen: locoregional: Rückenschmerzen.
überregional: Thoraxschmerzen, Bronchitis, broncho-pneumonische Herde. Konvulsionen der Kleinkinder, epileptiforme Anfälle, migränoide Kopfschmerzen, Geisteskrankheiten, Zwangsneurosen, Depressionen, Suicidneigung – mit B 13.
Tradition: *Spezialpunkt gegen Geisteskrankheiten, Hilfspunkt bei Malaria, zur Erleichterung bei Schüttelfrösten.*

LG 13: t'ao-tao, Trao Tao = „Straße der Töpfer, Gestalter".
Funktion: **Reunionspunkt** mit dem Blasenmeridian.
Lokalisation: Unter dem Dornfortsatz des 1. Brustwirbels.
Punktur: 3 Fen–1 Cun schräg aufwärts.
Indikationen: locoregional: Torticollis, Schulter- und Rückenkontrakturen.
überregional: Neurasthenie, nervöse Erschöpfungszustände, Kopfschmerzen, Schwindel, Bergkrankheit, Epilepsie.
Tradition: *Hilfspunkt gegen Malaria und Lungentuberkulose.*

LG 14: ta-chui, Ta Toui = „Großer Wirbel". Auch pai-lao = „Hundert Mühen, völlige Erschöpfung" genannt.
Funktion: Wichtiger **Reunionspunkt**, da er alle Yang-Meridiane des Fußes und der Hand vereinigt.
Lokalisation: Auf der dorsalen Medianlinie, unter dem Dornfortsatz des 7. Halswirbels.
Punktur: 3 Fen–1 Cun schräg aufwärts.

Indikationen: locoregional: Hinterkopfschmerzen, Muskelkontrakturen, Cervicalsyndrom, Occipitalneuralgien, Schulter-Armsyndrom. Hilfspunkt bei Paresen der oberen Extremitäten, bei Zuständen nach Kontusionen.
überregional: Trockener Mund durch Speichelmangel mit KG 23, KG 24. Bronchitis, Völlegefühl in der Brust, Asthma bronchiale. Übelkeit, Aufstoßen. Völliger Energiemangel, Asthenie, Hilfspunkt bei Malaria, Fieber und alle Arten tuberkulöser Erkrankungen. Geisteskrankheiten, Neurasthenie, Hysterie, Epilepsie, nervöse Erschöpfung.

Tradition: *Er gilt als Punkt, von dem aus das gesamte Yang beeinflußt werden kann, mit wichtigen Indikationen wie: bei Wetterfühligkeit mit 3 E 15, Fieber mit Di 4, Di 11. Daher ist er ein häufig gebrauchter zentraler Punkt bei zahlreichen Punktekombinationen, die wir als „Spinne" bezeichnen. Häufige intensive Moxibustion empfohlen.*

LG 15: ya-men, la Menn = „Tor des Schweigens".
Funktion: **Reunionspunkt** mit dem außergewöhnlichen Gefäß = „Wundermeridian" Yang Oe.
Lokalisation: Auf der dorsalen Medianlinie, 3 Cun oberhalb von LG 13. (Beim Rückwärtsbeugen des Kopfes entsteht eine deutliche Vertiefung an dieser Stelle).
Punktur: 2 Fen senkrecht oder bis 1 Cun in Richtung zum Kehlkopf. Cave! Kein tiefer Stich mit nach oben gerichteter Nadel! Cysterna!
Indikationen: locoregional: Torticollis, Occipitalneuralgie.
überregional: Cerebrale Insulte und Folgezustände, Konvulsionen, Verwirrtheitszustände, Kopfschmerzen, Schwindel. Epistaxis, Entzündungen der Sublingualregion, die das Sprechen erschweren.

Tradition: *Alle Störungen, die sich aus Yang-Überfülle ergeben. Schweißmangel bei Yang-Symptomatik. Moxibustion nicht angezeigt.*

LG 16: feng-fu, Fong Fou = „Haus, Bezirk des Windes".
Funktion: **Reunionspunkt** mit dem Blasenmeridian und dem außergewöhnlichen Gefäß = „Wundermeridian" Yang Oe.
Lokalisation: Auf der dorsalen Medianlinie, in einer Vertiefung, knapp unterhalb Protuberantia occipitalis externa.
Punktur: 3—8 Fen senkrecht, tieferStich ist zu vermeiden.
Indikationen: locoregional: Steifer Nacken, Occipitalneuralgie.
überregional: Cerebrale Insulte, Angst, Verwirrtheit, Kopfschmerzen, menigeale Reizzustände. Angina, Schlundschmerzen, Aphonie, Epistaxis, Zahnschmerzen im Unterkiefer mit LG 24.
allgemein: Angst vor Kälte, Frösteln, allgemeine Müdigkeit. Moxibustion nicht angezeigt. Mit Yin Trang zusammen zur sogenannten „Längsdurchflutung". Nach der Tradition geht ein innerer Ast des LG von hier zum Gehirn ab.

LG 17: nao-hu, No Fou = „Zugang zum Gehirn".
Funktion: **Reunionspunkt** mit dem Blasenmeridian.
Lokalisation: Auf der dorsalen Medianlinie, oberhalb der Protuberantia occipitalis externa.
Punktur: 3—8 Fen schräg.
Indikationen: locoregional: Kopfschmerzen, Migräne, Epilepsie, Schwindel, Adenitis nuchalis.

LG 18: ch'iang-chien, Tchiang Tchenn = „Ort der Stärke".
Lokalisation: 1 1/2 Cun oberhalb der Protuberantia occipitalis.
Punktur: 2—8 Fen schräg.
Indikationen: locoregional: Kopfschmerzen, Nackenschmerzen.
überregional: Augenflimmern, Schwindel (oculär bedingt), Erbrechen.

LG 19: hou-ting, Chao Ting = „Hinter der Scheitelhöhe". Der Punkt wird so genannt, weil er hinter der höchsten Erhebung des Schädels, die durch LG 20 repräsentiert wird, gelegen ist.
Lokalisation: Auf der Medianlinie, in einer deutlichen Vertiefung, am Schnittpunkt der Lambda und Pfeilnaht, 1 1/2 Cun hinter dem nachfolgenden LG 20.
Punktur: 3—8 Fen schräg.

Indikationen: locoregional: Kopfschmerzen allgemein, besonders aber Hinterkopfschmerzen, Nackenschmerzen.
überregional: Sehstörungen, Augenflimmern, Cerebrale Kongestionen, Konvulsionen, Epilepsie, Geisteskrankheiten, Schwindel, Migräne, Schlaflosigkeit, Einschlafstörungen. Übermäßige Schweißneigung.
allgemein: Bei neurovegetativ stigmatisierten Patienten zur Beruhigung, Konzentrationsmangel.
Bemerkung: Von BACHMANN zusammen mit LG 15 als „Bellergal der Akupunktur" bezeichnet. Man denke an die Tonsur der katholischen Priester in früheren Zeiten, die mit der Lokalisation von LG 19 übereinstimmt. Indikationen dafür vermutlich die sedierende Wirkung dieser Zone?

LG 20: pai-hui, Pae Roe = „Hundert Reunionen".
Wird auch wu-hui = „5 Reunionen" genannt, oder auch „Polarstern" (Beziehung zum Himmel, Gegenpol ist N 1).

Lokalisation: Auf der Medianlinie, dort wo sich diese mit einer durch die Ohrmuschelspitze gelegten, gedachten Vertikalen trifft, in einem kleinen Grübchen. Oder: 1 1/2 Cun frontal von LG 19 bzw. 8 Cun oberhalb des P.d.M. = Yin Trang.

Punktur: 2 Fen senkrecht–1 Cun schräg, oder Tangentialstechen zu einem Punkt der Punktekombination „Weisheit der 4 Götter" = LG 20–1, –01 = P.a.M. 1 = Extra 6.

Indikationen: locoregional: Cerebrale Insulte und deren Folgen, Schwindel, auch meniereform, Unsicherheit beim Gehen, Durchblutungsstörungen des Gehirns, Gedächtnisverlust, Epilepsie, Kopfschmerzen, Migräne, Polydipsie, Diabetes insipidus, Hypersalivation, Parkinsonismus, Geschmackverlust, Anosmie.
überregional: Neurasthenie, Stottern zusammen mit KG 24, Hypakusis, Innenohrschwindel, Tinnitus. Erbrechen, chronische Durchfälle, Rectal-

prolaps, Haemorrhoiden. Palpitationen, Herzschmerzen. Descensus uteri, Incontinentia urinae, Enuresis, gut geeignet zur psychischen Stabilisierung.

Bemerkung: 1.) Seine anatomische Lage entspricht etwa den obersten Anteilen des Gyrus praecentralis, mit dessen Reizarealen. Manche unverständliche Indikation, z.B. Descensus uteri, kann daraus erklärt werden. Auch die um ihn gruppierte Punktekombination „Weisheit der 4 Götter" = LG 20–1, LG 20–4 mit ihren Indikationen und seine Verwendbarkeit in der Schädelakupunktur, ergibt sich aus seiner Lokalisation.
2) gute Wirkung gegen Lateralitätsstörungen mit KG 24. 3) einer der wichtigsten Punkte der Akupunktur- wie auch der Yoga-Lehre.

LG 21: ch'ien-ting, Tchinn Ting = „Vor der Scheitelhöhle".
Lokalisation: 1 1/2 Cun anterior LG 20 = 6 1/2 Cun occipital vom Yin Trang = P.d.M.
Punktur: 1 Fen senkrecht–8 Fen schräg.
Indikationen: locoregional: Scheitelkopfschmerzen, Schwindel, Konvulsionen der Kinder.
überregional: Augenflimmern, ständige starke Rhinorrhoe, Epistaxis, behinderte Nasenatmung mit Di 20. Gesichtsödem.

LG 22: xin-hui, Seun Roe = „Reunion der Stirn".
Lokalisation: 3 Cun anterior von Baihiu oder 2 Cun innerhalb der natürlichen vorderen Haargrenze in einer Vertiefung entsprechend der anterioren Fontanelle.
Punktur: 3–5 Fen schräg.
Indikationen: locoregional: Kopf- und Augenschmerzen, Schwindel, Zustände nach cerebralen Insulten.
überregional: Geruchsverlust, Epistaxis, Gesichtsödem, Verwirrtheitszustände.

LG 23: shang-hsing, Chang Sing = „Oberster Stern".
Wird auch Chenn Tang = „Palast der göttlichen Vorsehung" genannt.
Lokalisation: Auf der Medianlinie, 4 Cun oberhalb des P.d.M. = Yin Trang.
Punktur: 1 Fen senkrecht–5 Fen schräg nach posterior.

Indikationen:	locoregional: Kopfschmerzen, Kongestionen im Schädelbereich, Kopfschwartenneuralgien durch Wind und Zugluft.
	überregional: Rhinitis mit ständiger Sekretion und erschwerter Nasenatmung, Nasenbluten, Augenschmerzen und Augenflimmern.
LG 24:	shen-t'ing, Chenn Ting = „Göttlicher Bezirk".
Funktion:	**Reunionspunkt** mit dem Blasenmeridian.
Lokalisation:	Auf der Medianlinie, 1/2 Cun innerhalb der natürlichen Stirnhaargrenze, falls noch vorhanden, bzw. 3 Cun oberhalb des P.d.M. = Yin Trang, der in der Mitte der Augenbrauen auf der Nasenwurzel liegt.
Punktur:	1 Fen senkrecht—8 Fen schräg nach posterior.
Indikationen:	locoregional: Stirnkopfschmerzen.
	überregional: Schwindel mit Brechreiz, Schlaflosigkeit aus Angst, Epilepsie, Verwirrtheitszustände. Fieber mit Kopfschmerzen, schleimhautwirksam, Sinusitis frontalis, Rhinitis.
	Bemerkung: Nach neuester Literatur zusätzlich bei Commotio und Contusio cerebri, bzw. den Folgezuständen.

Yin Trang: (= P.d.M.)	Yin Trang = „Weg, Spur, Fährte der Stirn" = P.d.M. = Point de merveille, auch als Point curieux en dehors des meridiens Nr. 29 und als Extraordinary point Nr. 1 bezeichnet, nach der neuen Systematik als LG 24—2. (Trägt bei CHAMFRAULT die Bezeichnung LG 25).
Lokalisation:	Auf der Medianlinie, am Nasenrücken, dort wo die Augenbrauen tatsächlich oder gedacht zusammenstoßen.
Punktur:	Längsfalte bilden und die Nadel von oben schräg in Richtung auf den Punkt stechen.
Indikationen:	locoregional: Stirnkopfschmerzen, Sinusitis frontalis, Rhinitis, **Meisterpunkt der Nase,** seine Stimulation macht die Nasenatmung frei. Augenschmerzen, Sehstörungen.

überregional: Schwindel mit Brechreiz, Schlaflosigkeit.
allgemein: Spezialpunkt gegen Konvulsionen der Kinder. Hinweispunkt für **Oszillation** (Diagnosehindernis).
Bemerkung: 1.) Wichtiger vorderer Meßpunkt in der Schädelakupunktur. (1 persönliches sagittales Cun am Schädel, entspricht einem Zwölftel der Entfernung zwischen LG 16 und P.d.M.). 2.) Er bildet mit B 2 das sogenannte vordere „magische Dreieck". 3.) Zur sogenannten „Längsdurchflutung" des Schädels mit LG 16. 4.) **Wichtiger energetischer Punkt** sowohl der Akupunktur – wie Yoga-Lehre, wird in Indien und Ceylon oft farbig markiert, vor allem früher aus religiösen Gründen.

LG 25: su-chiao, So Liou = „Nasenbeingrube".
Lokalisation: Oberhalb der Nasenspitze, über der tastbaren Knochen-Knorpelgrenze.
Punktur: 2–3 Fen senkrecht.
Indikationen: locoregional: Verlegte Nasenatmung, Rhinitis, Nasenfurunkel, Epistaxis.
überregional: Ohnmacht, Schockzustände.
Bemerkung: Seine energetische Punktur reizt Betrunkene zum Erbrechen (Ausnüchterungspunkt).
Tradition: *Moxibustion verboten.*

LG 26: renzhong = Mitte der Oberlippe.
Funktion: **Reunionspunkt** mit dem Dickdarm- und Magenmeridian.
Lokalisation: In der Mitte des Philtrums, am Ende des oberen Drittels der Nasolabialrinne.
Punktur: 3 Fen senkrecht–8 Fen schräg nach aufwärts.
Indikationen: locoregional: Facialisparese, Trismus.
überregional: Schock, Ohnmacht, Kollaps, Hitzschlag, cerebrale Insulte, Epilepsie, Konzentrationsmangel, Hysterie. Hilfspunkt bei Diabetes mellitus, gegen das Durstgefühl, Foetor ex ore mit LG 26 und KS 7. Wirbelsäulenschmerzen, beson-

	ders durch Verkrümmungen der Wirbelsäule. Lumbago. allgemein: Wichtiger Punkt gegen Gesichtsödeme.
Tradition:	*Galt als führender „Reanimationspunkt" häufig zusammen mit KS 9, H 9, N 1.*

LG 27:	tui-tuan, Toe Toan = „Oberlippenrand". Auch „Vorsprung des Vergnügens" genannt.
Lokalisation:	In der Philtrummitte, am Oberlippenrand.
Punktur:	1–2 Fen schräg.
Indikationen:	locoregional: Lippenspasmen, periorale Ekzeme bei Kindern, Aphthen, Herpes labialis, Zahnschmerzen. überregional: Durstgefühl, Foetor ex ore.

LG 28:	yin-chiao, Inn Tsiao = „Kreuzung der Schleimhaut mit der Gingiva".
Funktion:	**Reunionspunkt** mit dem KG = Jenn Mo und dem Magenmeridian.
Lokalisation:	An der Insertionsstelle des Lippenbändchens am Oberkiefer.
Punktur:	1–3 Fen schräg aufwärts.
Indikationen:	locoregional: Karies, Zahnabszesse, Gingivitis, Stomatitis. überregional: Ständiger Tränenfluß, Entzündungen im Bereich der inneren Augenwinkel, Nasensekretion, erschwerte Nasenatmung, Polypen.
Tradition:	*Gegen Fettsucht, durch „Wohlleben" bedingt, wurde ein dünner, in Öl getränkter Bambusspan in den Punkt gestochen und dessen Ende angezündet.* *Nach BAHR ist ein Punkt in der Höhe von LG 27, aber auf der **Innen**seite der Oberlippe gelegen, gegen Eßsucht geeigneter, vor allem zur Behandlung mittels Akupressur.*

Das Konzeptionsgefäß
= Jenn Mo = Yen-mo

Abkürzungen in der Literatur: KG = Konzeptionsgefäß, VC = Vaisseau Conception, CV = Conception Vessel, Jenn Mo = Ren Mai = Das Gefäß des Empfanges, der Empfängnis.
Nach internationaler Nomenklatur: Nr. XIV.
Energieverlauf: Aufsteigend, unpaare Leitbahn.
Chronobiologie:
Optimalzeiten: keine.
Zustimmungspunkt: Nur für bestimmte Punkte: B 24 für KG 6, B 26 für KG 4, B 17 für KG 17.
Alarmpunkt: keiner.
Der äußere Verlauf des KG ist durch 24 Punkte gekennzeichnet (Abb. 14).

Verlauf: Der Meridian beginnt in der Mitte der Perinealregion, steigt von dort über das Genitale zur Schamhaargrenze in der ventralen Medianlinie gerade nach oben (KG 2), erreicht mit KG 8 den Nabel, mit KG 15 die Schwertfortsatzspitze, mit KG 17 die Mitte des Sternums in Höhe der Brustwarzen und endet mit KG 24 in der Mitte der mentolabialen Furche.
Von hier besteht über Sekundärgefäße Verbindung zur Infraorbitalgegend und zu den inneren Augenwinkeln.

Tradition: *Das KG zählt ebenso wie das LG = Tou Mo zu den 8 unpaarigen Leitbahnen und wird als eines der 8 außergewöhnlichen Gefäße = „Wundermeridiane" bezeichnet. Als solches kann es über den Kardinalpunkt = Schlüsselpunkt Lu 7 eingeschaltet werden.*
Da die ventrale Mediane des Körpers eine Art Konzentrationslinie darstellt, (dorsal = Yang, ventral = Yin) steht das Konzeptionsgefäß = KG mit allen Yin-Meridianen, aber auch mit den außergewöhnlichen Gefäßen Yin Oe = Yin-wei-mo und Tchong mo = chung mo in Verbindung. Deshalb kann das KG als Ausgleichsreservoir und Regulator der gesamten struktiven Energie gelten.

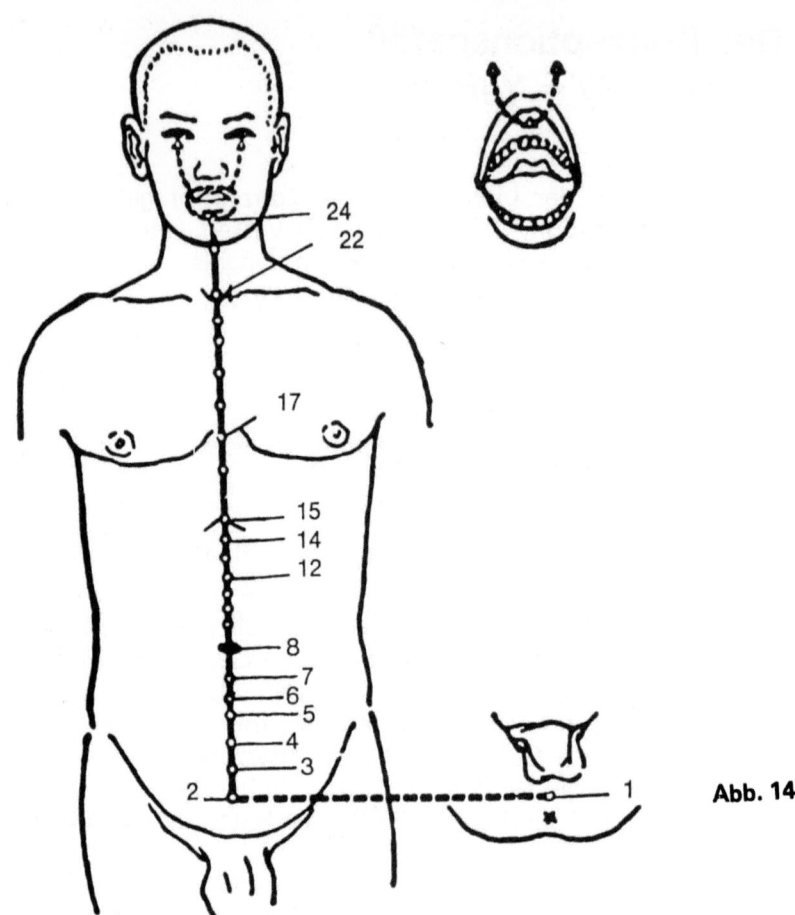

Abb. 14

Konzeptionsgefäß oder Jenn-Mo

KG 3 = Alarmpunkt des Blasen-Meridians
KG 4 = Alarmpunkt des Dünndarm-Meridians
KG 5 = Haupt-Alarmpunkt des 3 E-Meridians
KG 7 = sex. Alarmpunkt des 3 E-Meridians
KG 12 = digest. Alarmpunkt des 3 E-Meridians
KG 14 = Alarmpunkt des Herz-Meridians
KG 17 = respir. Alarmpunkt des 3 E-Meridians und
        Alarmpunkt des KS-Meridians

Als Kardinalpunkt zur Einschaltung des außergewöhnlichen Gefäßes = „Wundermeridian" Jenn-Mo, dient Lu 7

Da das weibliche Geschlecht relativ als Yin zum männlichen gilt, ergibt sich eine enge Beziehung zwischen KG und dem gynäkologischen Funktionskreis.
Als Gegenpol zum LG = Tou Mo wird die Lokalisation zahlreicher Reunions- und Alarmpunkte mit mehr parasympathischer Wirkung auf dem KG verständlich, auch gegenüber der mehr sympathicotonen Wirkung der Zustimmungspunkte (QUAGLIA SENTA).
Der dadurch mögliche Energieausgleich wird als Therapie-Methode „Vorne – Hinten" bezeichnet und relativ häufig verwendet.

Bemerkung: Das Konzeptionsgefäß = Jenn Mo = Ren Mai gehört zu den 8 unpaarigen Meridianen, die auch als außergewöhnliche Gefäße = „Wundermeridiane" bezeichnet werden. Da Jenn Mo und Tou Mo als einzige dieser acht eigene Punkte aufweisen, werden sie von den meisten Autoren zu den zwölf Hauptmeridianen hinzugezählt.
Ihre Aktivierung über die zugehörigen Kardinalpunkte bringt weitere therapeutische Möglichkeiten, die über jene der Punktur einzelner ihrer Punkte hinausgehen.

KG 1: hui-yin, Roe Inn = „Treffpunkt des Yin".
Funktion: Reunionspunkt mit dem LG = Tou Mo und dem außergewöhnlichen Gefäß = „Wundermeridian" Tchong Mo = chung mo.
Lokalisation: Auf der Medianlinie, in der Mitte zwischen Anus und Skrotum, bzw. der hinteren Vulvakommissur.
Punktur: 5 Fen–1 Cun senkrecht.
Indikationen: locoregional: Schmerzen im Genitale, Vaginitis, Descensusbeschwerden, Urethritis, Haemorrhoiden.
überregional: Zyklusstörungen.

Tradition: *KG 1 „beeinflußt" nach der Tradition die Leber, daher alle Affektionen der Genitalorgane und jene Schädelpartien, die vom inneren Verlauf des Sekundärgefäßes von G 1 zu LG 20 erfaßt werden.*

KG 2: ch'ü-ku, Kou Kou = „Pubisarkade, geschwungener Knochen".
Funktion: Reunionspunkt mit dem Lebermeridian.

Lokalisation:	Auf der ventralen Medianlinie, am Symphysenoberrand.
Punktur:	3 Fen–1 Cun senkrecht.
Indikationen:	locoregional: Genitalwirksamer Punkt. Impotenz, besonders nach Exzessen, Urethritis, Miktionsbeschwerden. Fluor jeglicher Genese, Endometritis. Blutungen nach der Entbindung. allgemein: Schmerzen und Krämpfe im Unterbauch.
KG 3:	chung-chi, Tchong Tsi = „Mittlerer Kumulationspunkt". Wird auch Iou Tsiuann = „Jadequelle" oder Tsri Tsiuann = „Quelle der Energie" genannt.
Funktion:	**Alarmpunkt** des **Blasenmeridians. Reunionspunkt** mit dem Nieren-Leber- und Milz-Pankreas-Meridian.
Lokalisation:	Wenn man die Strecke Symphyse–Nabel in 5 gleiche Teile teilt, liegt KG 3 am proximalen Ende des ersten Fünftels, oberhalb der Symphyse, auf der ventralen Medianlinie.
Punktur:	1/2–1 Cun senkrecht.
Indikationen:	locoregional: Oligospermie, Impotenz nach Exzessen, alle Formen der Urethritis, Reizblase, häufiger Harndrang, Fluor, Pruritus vulvae, Regelstörungen infolge schlechter Blutzirkulation, Beschwerden durch Coitus während der Menstruation, Retroflexio uteri als Sterilitätsursache, Placentaretention, atonischer Uterus. überregional: Hungergefühl, aber man kann keinen Bissen hinunterwürgen, man hat das Gefühl, „als ob ein Spanferkel unter dem Nabel herumfuhrwerken würde (chin.)". Ascites, Hernien. allgemein: Weibliche Sterilität, allgemeiner Energiemangel, Müdigkeit.
KG 4:	kuan-yüan, Koann Iuann = „Schranke, Eingangstor der Lebenskraft, des vitalen Seins".
Funktion:	**Alarmpunkt** des **Dünndarmmeridians. Reunionspunkt** mit den Yin-Meridianen des Fußes = MP, N, Le.
Lokalisation:	Auf der ventralen Medianlinie, 2 Fünftel oberhalb der Symphyse. (Siehe Messung bei KG 3).
Punktur:	1/2–1 Cun senkrecht.

Indikationen: locoregional: Impotenz, besonders nach Exzessen, alle Formen der „Urethritis", Miktionsbeschwerden, Dysurie, Reizblase, Harninkontinenz, Prostatitis, Enuresis. Retroflexio uteri, Fluor mit Schwächezuständen. Bei Abortus mit B 60 zur Beschleunigung. Bei Genitalerkrankungen mit Ohnmachtsneigung und Herzbeschwerden mit Le 1 und G 26, mit Anaemie KG 6, B 17, B 43, B 40.
überregional: Enteritis, Diarrhoe, Dysenterie, Spasmen und Koliken im Nabelbereich und Unterbauch, unterstützend bei Darmparasiten, alle Arten Hernien. Kopfschmerzen mit Schwindel, die sich bei Bewegung verschlimmern, seelische Erschöpfung, Ohnmachtsneigung.
allgemein: Zur Behandlung im Senium, bei Leere und Erschöpfungszuständen.

Tradition: *Ist wie KG 5 ein Punkt der Yoga-Praktiken der Taoisten. Soll in der Schwangerschaft nicht verwendet werden! Abortusgefahr!*
Galt als Hauptpunkt gegen Tuberculose mit N 1 und M 40, Förderung der Abwehrkräfte wahrscheinlich. Häufige intensive Moxibustion empfohlen.

KG 5: shi-men, Che Menn = „Steintor". Wird auch Tann Tinn = „Hymne des Elexiers, des langen Lebens" genannt.
Funktion: **Haupt-Alarmpunkt** des 3 E Meridians.
Lokalisation: Auf der ventralen Medianlinie, 3 Fünftel oberhalb der Symphyse.
Punktur: 1/2—2 Cun senkrecht.
Indikationen: locoregional: Dyspepsie mit bitterem, saurem oder üblem Aufstoßen, Verdauungsinsuffizienz, Meteorismus, abwechselnd Durchfälle und Verstopfung, Appendicopathie, Appetitlosigkeit. Dysurie, Urethritis, imperativer Harndrang, Fluor.
überregional: Krampfhusten, Asthma bronchiale, labile Hypertonie und Folgezustände. Entwicklungsstörungen der Kleinkinder durch Malabsorption. Ödemneigung.
allgemein: Entspricht dem Omega-2 der Ohrakupunktur, Punkt der „Umwelt". Testpunkt für die Vitamine E, B-1, B-3, B-6.

Tradition: *Zur Erzielung eines empfängnisverhütenden Effektes (Uteruskontraktion) wird Moxibustion des KG 5 empfohlen. Auch soll eine Retroflexio uteri durch seine häufige Punktur und damit Sterilität zu erzielen sein. Schon im SO QUENN wird darauf hingewiesen. Gilt in der Yogalehre als „Genitales Zentrum" (Atem- und Konzentrationsübungen).*

KG 6: ch'i-hai, Tsri Hae = „Meer der Energie, des Chi".
Lokalisation: Auf der ventralen Medianlinie, in Höhe des 4. Fünftels oberhalb der Symphyse. (Entspricht bei schlanken Personen ca. 2 Querfinger unter dem Nabel, bzw. 1 1/2 Cun unterhalb des Nabelmittelpunktes).
Punktur: 1/2–1 Cun senkrecht.
Indikationen: locoregional: Enuresis nocturna, Atonie des Blasensphinkters, alle Formen der „Urethritis". Fluor, Beschwerden nach Coitus, Menstruationsstörungen, postpartale Blutungen. Starker Meteorismus, Bauchschmerzen, Obstipation, Kotsteine, Appendicopathie, alle Hernien.
allgemein: Wichtiger Punkt bei Energieleere durch chronische Erkrankungen, Asthenie, Abmagerung, allgemeine Erschöpfung, Ohnmacht. Schwindel.
Bei nächtlichen Atembeschwerden: KG 6, KG 21.
Bei Albträumen: KG 6, B 15, M 44.
Bemerkung: Fördert die Potenz und Zeugungsfähigkeit!

Tradition: *Er repräsentiert ebenso wie KG 5 „Das Zentrum der Energie des Menschen". Intensive Moxibustion empfohlen.*

KG 7: yin-chiao, Inn Tsiao = „Kreuzung, Vereinigung des Yin".
Funktion: Unterer, sogenannter „sexueller" **Alarmpunkt** des 3 E Meridians. **Reunionspunkt** mit dem Nierenmeridian und dem außergewöhnlichen Gefäß = „Wundermeridian" Tchong Mo = chung mo.
Lokalisation: 1 Cun unter der Nabelmitte = 1 Querfinger unter dem Nabel.
Punktur: 1/2–1 Cun senkrecht.
Indikationen: locoregional: Schmerzen, die zur Genitalzone ausstrahlen, Hernien. Miktionsstörungen, Harnleiter-

kolik, Urethritis. Menstruationsirregularität, übermäßig lange Menses, Fluor, Endometritis, Pruritus vulvae, Vaginitis, Sterilität.
überregional: Sodbrennen, Aufstoßen, Brechreiz, Angina, Epistaxis, starke belegte, zerklüftete und schmerzhafte Zunge, dann mit KS 6, Le 3 und MP 2.
allgemein: Nervöse Erkrankungen, Angst, Nymphomanie, Priapismus, „sexuelle Delirien".

KG 8: shen-ch'üeh, Chenn Tcheu = „Göttliches Haus". Wird auch „Wohnstätte der Energie" genannt.
Lokalisation: Im Zentrum des Nabels.
Punktur: Keine Nadelung, Moxibustion, siehe Tradition.
Indikationen: überregional: Chronische Enteritis, Meteorismus, Schmerzen im Abdomen, Ruhr.
allgemein: Wirksam gegen Ohnmacht, akute Schwächezustände, aber auch zur Steigerung der sexuellen „Ausdauer" des Mannes (persönliche Mitteilung einer Versuchsperson).

Tradition: *Der Nabel wurde in der Tradition mit Salz gefüllt und darauf Moxakegel abgebrannt.*

KG 9: shui-fen, Choe Fenn = „Verteilung des Wassers".
Lokalisation: Wenn man die Distanz Nabel—Xyphoidspitze in 8 gleiche Teile teilt, liegt der Punkt 1 Achtel oberhalb des Nabels = 1 Cun oberhalb des Mittelpunktes des Nabels.
Punktur: 1/2—1 Cun senkrecht.
Indikationen: locoregional: Chronische Darmstörungen mit starker Peristaltik und geblähtem Trommelbauch, mit Darmgeräuschen und Flatulenz, Ascites.
überregional: Dysurie, „Nierenschmerzen". Ödeme mit N 7, dabei KG 9 moxen. Heftiges Nasenbluten.
allgemein: Punkt gegen alle eitrigen Prozesse, Furunkulose, Abszesse, auch Knocheneiterungen. Lt. CHAMFRAULT: Spezialpunkt gegen Ascites, wenn mit Ödemen: KG 9, MP 6, M 28, G 28, N 7.

Tradition: „*Verteilung der Flüssigkeit*" *deswegen, weil er in der Höhe jener Dünndarmregion gelegen ist, der in der Tradition die Trennung der festen und flüssigen Nahrung zugesprochen wurde.*

KG 10: hsia-kuan, Cha luenn = „Unterer Magenanteil" (pars pylorica).
Funktion: Reunionspunkt mit dem MP-Meridian.
Lokalisation: Auf der ventralen Medianlinie, 2 Cun oberhalb des Nabels.
Punktur: 8 Fen—1 Cun senkrecht.
Indikationen: locoregional: Schmerzen in der Magengegend, auch Spasmen, Dyspepsie, chronische Magen-Darmaffektionen, Appetitlosigkeit, Brechreiz, Erbrechen.
überregional: Abmagerung, Tachycardieneigung.

Tradition: *Moxibustion bei Schwangerschaft verboten.*

KG 11: chien-li, Tsienn Li = „Gründung, Aufbau des Hauses".
Lokalisation: Auf der vorderen Medianlinie, 3 Cun oberhalb des Nabels.
Punktur: 5 Fen—1 Cun senkrecht.
Indikationen: locoregional: Gastroduodenitis, Ulcuskrankheit, schlechte Verdauung, Meteorismus, Erbrechen, Appetitlosigkeit, sowohl Durchfälle als auch Obstipation.
überregional: Neurasthenie, bei Ascites mit KG 9, generalisierte Ödeme.

Tradition: *Keine Moxibustion bei Frauen im gebärfähigen Alter.*

KG 12: chung-kuan, Tchong luenn = „Zentrum des Magens".
Funktion: Mittlerer „digestiver" **Alarmpunkt** des 3 E-Meridians. **Reunionspunkt** mit dem Magen-, Dünndarm- und 3 E-Meridian. **Alarmpunkt des Magens.**
Lokalisation: Auf der ventralen Medianlinie, genau in der Mitte zwischen dem Nabel und der Schwertfortsatzspitze.
Punktur: 1/2—1 Cun senkrecht. Es kann auch tangential zu benachbarten Punkten durchgestochen werden, z.B. zu KG 10, KG 15, M 21. Nach der Mahlzeit nicht zu tief stechen!
Indikationen: locoregional: Gastroduodenitis, Ulcus ventriculi et duodeni, auch Neo ventriculi, Magenkrämpfe, haemorrhagische Blutungen, Dyspepsie, Diarrhoe, Obstipation, Hepatopathien, Intoxikationsfolgen.

überregional: Neurasthenie, Roemheld-Syndrom mit seinen variablen Herzbeschwerden.
allgemein: entspricht dem Omega-1 der Ohrakupunktur, Hinweispunkt auf Quecksilberintoleranz (Amalgam).

Tradition: *Bei fieberhaften Infektionskrankheiten, sowie bei Insuffizienz des Milz-Pankreassystems. Gegen Yang-Affektionen der Eingeweide sehr wirksam mit M 36, Le 13. Gegen Erbrechen: KS 6, Le 3, Le 14, KG 12, KG 15, LG 19.*

KG 13: shang-kuan, Chang luenn = „Oberer Magenabschnitt, Cardia".
Funktion: **Reunionspunkt** mit dem Magen- und Dünndarmmeridian.
Lokalisation: 3 Achtel unter der Xyphoidspitze = 5 Cun oberhalb des Zentrums des Nabels.
Punktur: 1/2−1 Cun senkrecht.
Indikationen: locoregional: Gastroduodenitis, Ulcuskrankheit, Krämpfe und Koliken, vor allem im Oberbauch, Meteorismus, Erbrechen, Singultus, Intoxikationen, Hepatopathien.
überregional: Bronchitis mit übermäßigem Bronchialsekret. Angst, Erregungszustände, epileptiforme Anfälle.
allgemein: Spezialpunkt gegen alle krampfartigen Magenstörungen.

Tradition: *Bei Herzerkranungen mit nicht beeinflußbaren Herzschmerzen, sollte KG 13 nicht vergessen werden.*

KG 14: chü-ch'üeh, Tu Chue = „Großartiger Palast".
Funktion: Alarmpunkt des **Herzmeridians**.
Lokalisation: 1/8 unter der Xyphoidspitze = 6 Cun oberhalb des Nabels.
Punktur: 3 Fen senkrecht oder 1 Cun schräg.
Indikationen: locoregional: Magenschmerzen, Erbrechen.
überregional: Appetitlosigkeit, Hilfspunkt bei Seekrankheit, Hyperemesis gravidarum. Krampfhusten mit Bronchialsekretion, Praecordialschmerz, sowie zum Schulterblatt ausstrahlende Herzschmerzen, Tachycardie mit Beklemmungsgefühl. Angst mit Ohnmachtsneigung, Neurasthenie.

KG 15: chiu-wei, Tsiu Mi = „Elsternschwanz". Wird auch Mi Hi = „Gebogenes Knochenende" genannt.
Funktion: Energie aus allen Yang-Organen, daher ein vitales Zentrum.
Lokalisation: An der Spitze des Xyphoides. (Gestreckte Haltung einnehmen lassen).
Punktur: 3 Fen–1 Cun schräg abwärts oder aufwärts.
Indikationen: locoregional: Gastritis, Aerophagie, Singultus, Spasmen.
überregional: Angina, Schluckbeschwerden. Husten der Erbrechen provoziert, Hilfspunkt bei Keuchhusten. Palpitationen, Beschwerden durch pleuropericardiale Adhaesionen.
allgemein: Neurasthenie, innere Spannung, Verwirrtheit, Angstzustände, Konzentrationsmangel, Managerkrankheit. Spezialpunkt gegen Epilepsie. Müdigkeit, Erschöpfung, Asthenie, Verlust der Manneskraft.
Bemerkung: Zusammen mit LG 19 von BACHMANN als „Bellergal der Akupunktur" bezeichnet. KG 15 allein gegeben, wirkt gegen Zorn.

KG 16: chung-t'ing, Tchong Ting = „Mittlerer Hof".
Lokalisation: In einer Vertiefung, am Übergang vom Corpus sterni zum Processus xyphoideus, 1 Cun über KG 15.
Punktur: 3–5 Fen schräg.
Indikationen: locoregional: Asthmoide Bronchitis, Brechreiz, Erbrechen, Oesophagusspasmen.

KG 17: tan-chung, Trann Tchong = „Zentrum der Brust".
Funktion: **Reunionspunkt** mit dem MP, N, Dü und 3 E-Meridianen, daher Spezialpunkt der Atemwege. Oberer „respiratorischer" **Alarmpunkt des 3 E-Meridians** und **Alarmpunkt des KS-Meridians**.
Lokalisation: Auf der Sternummitte in Höhe des 4. ICR in der Mitte zwischen den Brustwarzen (beim Mann).
Punktur: 5 Fen–1 Cun aufwärts oder abwärts. Bei Erkrankungen im Mammabereich in Richtung Brustansatz, bei Asthma bronchiale kann zu KG 20 tangential durchgestochen werden.
Indikationen: locoregional: Krampfhusten, reichlich schleimiges viscöses oder eitriges Sputum, Asthma bronchiale,

pneumonische Herde. Intercostalneuralgie, Mastitis, Milchmangel. **Beklemmungsgefühl**, Roemheld-Syndrom. Angst und Globus hystericus.
überregional: **2. Tranquilizerpunkt,** entspricht dem Omega-Hauptpunkt der Ohrakupunktur, **pychosomatischer Hauptpunkt.**

Tradition: *Nach NEI KING konzentriert sich die gesamte Energie in diesem Punkt. Er gilt als „Meister der Energie". An ihm wird die Ernährungsenergie = „Energie der Erde" durch die „Himmelsenergie" = Atemluft, aktiviert und zur verwendungsfähigen Aufbau-, Erhaltungs- und Abwehrenergie aufbereitet und verteilt.*

KG 18: yü-t'ang, Iou Trang = „Jadepalast".
Lokalisation: Medianlinie, in Höhe des 3. ICR, 1,5 Cun über KG 17.
Punktur: 3—5 Fen schräg.
Indikationen: locoregional: Asthma bronchiale, Bronchitis, Pleuralgien.
überregional: Erbrechen, Schmerzen in der Herzgegend, Beklemmungsgefühl.

KG 19: tzu-kung, Tseu Kong = „Purpurpalast".
Lokalisation: Medianlinie, in Höhe des 2. ICR. Bei Lokalisation und Punktur den Kopf nach rückwärts beugen lassen.
Punktur: 3—5 Fen schräg.
Indikationen: locoregional: Thoraxschmerzen, Bronchitis, Pleuritis, Schluckbeschwerden.
überregional: Erbrechen, Schmerzen in der Herzgegend.

KG 20: hua-kui, Roa Kae = „Prunkvoller Kranz".
Lokalisation: In Höhe des Ansatzes der 2. Rippe, in einer Vertiefung, in der Mitte des Sternums (Kopf nach hinten beugen lassen).
Punktur: 3—5 Fen schräg.
Indikationen: locoregional: Thoraxschmerzen, Pharyngitis, Tracheobronchitis, Asthma bronchiale, Schluckbeschwerden.

KG 21: hsüan-chi, Siuann Ki = „Kostbares Kleinod".
Lokalisation: In der Mitte des Manubrium sterni, in Höhe des Ansatzes der 1. Rippe.
Punktur: 3—5 Fen schräg.
Indikationen: locoregional: Angina, Schluckbeschwerden, Krampfhusten mit Atembeschwerden, die beim

Sprechen behindern, nervöser Kitzelhusten, Globusgefühl.
überregional: Brechreiz, Oesophagusspasmen, Dyspepsie.
Bemerkung: Spezialpunkt gegen Sodbrennen.

KG 22: t'ien-t'u, Tienn Tou = „Himmlischer Vorsprung".
Funktion: Reunionspunkt mit dem außergewöhnlichen Gefäß = „Wundermeridian" Yin Oe.
Lokalisation: In der Mitte der Incisura jugularis, in Höhe des Ansatzes der Clavicula.
Punktur: 2 Fen senkrecht.
Indikationen: Wie KG 21, dazu lokale Lymphadenitis, Strumabeschwerden, Reizhusten.

KG 23: lien-ch'üan, Lienn Tsiuann = „Seitliche Quelle".
Funktion: Reunionspunkt mit dem außergewöhnlichen Gefäß = „Wundermeridian" Yin Oe.
Lokalisation: Auf der Medianlinie, im Winkel wo der Hals in den Kinnbereich übergeht (Incisura thyreoidea cranialis).
Punktur: 2 Fen—1 Cun schräg, etwas nach aufwärts.
Indikationen: locoregional: Regulierende Wirkung auf die Thyreoidea, Sodbrennen, Hypersalivation, Tracheitis, Laryngitis, Pharyngitis, Glossitis. Bei Heiserkeit, Aphonie mit M 10.

Tradition: *Keine Moxibustion.*

KG 24: ch'eng-chiang, Sing Tsiang = „Aufnahme, Zurückhalten der (aus dem Munde rinnenden) Flüssigkeit".
Funktion: Reunionspunkt mit dem Magen-Dickdarmmeridian und dem LG = Tou Mo.
Lokalisation: In der Mitte der mentolabialen Furche.
Punktur: 2 Fen senkrecht oder bis 5 Fen schräg.
Indikationen: locoregional: Periphere oder zentrale Facialisparese, motorische Aphasie, Trismus. Alveolarpyorrhoe, Karies, Zahnneuralgien, Stomatis aphtosa, Hypersalivation. Zusatzpunkt bei Trigeminusneuralgie des 3. Astes.

überregional: Bei Diabetes mellitus zur Beeinflussung des Durstgefühls. Torticollis — dabei sollte man sich nach PIENN CHO immer an diesen Punkt erinnern.
allgemein: hilft gegen Stottern, zusammen mit LG 20 gegen Lateralitätsinstabilität.

Bemerkung: Beim KG = Jenn Mo stimmen alle Autoren mit der Zahl der Punkte und deren Numerierung überein.
Ebenso ist die Übereinstimmung der modernen chinesischen Literatur mit den traditionellen Angaben auffällig. Die Zusammenhänge werden jedoch aus simplifizierenden didaktischen Gründen nicht mehr erwähnt, liegen aber für den Kenner der Materie auf der Hand.

MIX
Papier aus verantwortungsvollen Quellen
Paper from responsible sources
FSC® C105338

If you have any concerns about our products,
you can contact us on
ProductSafety@springernature.com

In case Publisher is established outside the EU,
the EU authorized representative is:
**Springer Nature Customer Service Center GmbH
Europaplatz 3, 69115 Heidelberg, Germany**

Printed by Libri Plureos GmbH
in Hamburg, Germany